実例で身につくWeb配色のセオリー

Webサイトの配色見本帳

向田 嵩　半田季実子　木村優子　マスベサチ　野田一輝　共著

エムディエヌコーポレーション

©2024 Takashi Mukoda, Kimiko Handa, Yuko Kimura, Sachi Masube, Kazuki Noda. All rights reserved.

・本書に掲載した会社名、商品名、プログラム名、システム名などは一般に各社の商標または登録商標です。
　本文では TM、® は明記していません。
・本書は著作権上の保護を受けています。著作権者、株式会社エムディエヌコーポレーションとの
　書面による同意なしに、本書の一部あるいは全部を無断で複写・複製、転記・転載することは禁止されています。
・本書は 2024 年 8 月現在の情報を元に執筆されたものです。これ以降の Web サイトの仕様、URL 等の変更によっては、
　記載された内容と事実が異なる場合があります。
・本書をご利用の結果生じた不都合や損害について、著作権者及び出版社はいかなる責任も負いません。

Introduction

　本書は、Webサイトのデザインに特化した配色見本帳です。優れたデザインを備えた多彩なWebサイトを、配色の観点から整理し、解説しています。近年、Webサイトのレイアウトは画一化が進んでおり、メインビジュアルとともに配色がWebサイトの印象を大きく左右する重要な要素になっています。また、グラフィックデザインと違い、Webサイトにはクリックやタップを誘導するためのパーツが配されているため、配色も世界観を演出しつつ、機能性も考慮しなくてはなりません。

　本書では、まずCHAPTER1で配色の基礎知識と、Webサイト特有の特徴を簡単に解説します。CHAPTER2では色相、トーン、補色、アクセントカラーなど、配色の基本的なセオリーを学びます。すぐれた事例に基づいて理論を解説しているので、それらが実際のWebサイトでどのように活用されているかがしっかりわかります。

　その後は実践編として、CHAPTER3でポップ・スタイリッシュ・かわいいなどのイメージ別に配色例を、CHAPTER4でコーポレートサイト・メディアサイト・プロモーションサイトなどのサイトの形態別に配色例を紹介します。それぞれのカテゴリーに属するサイトがどのような目的をもって配色が行なわれているのかを理解できます。

　配色の紹介では、ベースカラー、キーカラー、サブカラーなどの色の役割ごとに16進数コードを記載しています。本書を配色の考え方を身につける教科書として、または困った時のアイデアソースとして、Webデザインにお役立ていただければ幸いです。

MdN編集部

Contents

本書の見方 008

CHAPTER 1 Webでの配色の基本

01	Webデザインではなぜ配色が大切なのか?	012
02	配色の基本① 色の作り方	014
03	配色の基本② 色相・彩度・明度とトーン	016
04	配色の基本③ 色が与えるイメージ	020
05	配色の基本④ 色の機能的役割	024
06	アクセシビリティを考慮した配色	026
07	Webデザインにおけるカラーの定義	028
08	配色の決め方	030
	Column AIを活用して配色を決める	034

CHAPTER 2 配色の基本的な手法

01	類似色相を活用した配色	036
02	異なる色相を活用した配色	038
03	3色以上の配色	040
04	トーンを活用した配色	042
05	アクセントカラーを活用した配色	044
06	グラデーションを活用した配色	046
07	ナチュラルな配色	048

08	人工的な配色	050
09	コントラストを活かした配色	052
10	モノトーン配色	054
11	暖色系の配色	056
12	寒色系の配色	058
13	コーポレートカラーを活かす配色①	060
14	コーポレートカラーを活かす配色②	062
	Column　Adobe Colorを使った配色作成	064

CHAPTER 3　イメージ別の配色例

01	ポップ	066
02	スタイリッシュ	068
03	かわいい	070
04	美しい・上品	072
05	エレガント・高級感	074
06	誠実・信頼感	076
07	フレンドリー	078
08	ナチュラル	080
09	シンプル	082
10	インパクト	084

11	ユニーク	086
12	パステル	088
13	ビビッド	090
14	光・輝き	092
15	モダン・近代的	094
16	レトロ・クラシック	096
17	和風	098
18	キッズ	100
19	ティーン	102
20	ファミリー	104
21	シルバー	106
22	男性向け・男性的	108
23	女性向け・女性的	110
	Column　失敗しない配色テクニック	112

CHAPTER 4　サイト形態別の配色例

01	コーポレートサイト①	教育・公共機関	114
02	コーポレートサイト②	IT	116
03	コーポレートサイト③	製造	118
04	コーポレートサイト④	不動産	120

05	メディアサイト①　ファッション	122
06	メディアサイト②　施設・交通機関	124
07	メディアサイト③　地域	126
08	メディアサイト④　教育・公共機関	128
09	ECサイト①　インテリア・生活	130
10	ECサイト②　飲食・食品	132
11	ECサイト③　ファッション・美容	134
12	ECサイト④　家電・雑貨	136
13	プロモーションサイト①　アート・デザイン	138
14	プロモーションサイト②　音楽	140
15	プロモーションサイト③　教育・公共機関	142
16	プロモーションサイト④　地域	144
17	採用サイト①　IT	146
18	採用サイト②　金融	148
19	採用サイト③　不動産	150
20	採用サイト④　エンタメ	152
21	ポートフォリオサイト	154

掲載サイトリスト	156
著者プロフィール	159

HOW TO READ THIS BOOK

本書の見方

本書はWebサイトの配色を事例とともに解説した見本帳です。
CHAPTER1の基礎解説に続き、CHAPTER2以降で事例＋配色の解説を掲載しています。
CHAPTER2以降の紙面構成は次のようになっています。

セクション解説
セクションのテーマに沿って、大枠の配色の考え方を概説しています。

配色サンプル
セクションのテーマに沿った配色サンプルを掲載しています。

サイトビジュアル
スマートフォンとパソコンで閲覧したWebサイトのスクリーンショットを掲載しています。

ANALOGOUS HUES

類似色相を活用した配色

類似色相は、色相環で隣り合う色のことを指します。たとえば、青と緑、赤とオレンジなどです。これらの色を組み合わせることで、調和の取れた配色が生まれます。
　類似色相を使う配色では、色の明度や彩度を調整して適度なコントラストをつけることが重要です。同じ色相の範囲で異なる明るさや鮮やかさを組み合わせることで、視認性とデザインのアクセントを保ちつつ、調和の取れた配色を実現します。

Color Palette

#DB3512	#E86A13	#DB8D0F
#DB44D4	#DB0F57	#9933CC
#4299DC	#271ADB	#33CCFF
#3CC64F	#009966	#8DC959
#FFFF66	#FFCC33	#FF9933

明度のコントラストを効かせてメリハリを出す

BASE #A4CFDE
KEY #003B8F　#02B1A8
SUB #EAF1FA　#FFFFFF　#1C2E4C　#98A4B5
FONT #003B8F

気候テクノロジー分野に特化した投資ファンドのWebサイトでは、信頼性と専門性を表現したブルー系の配色となっています。淡いブルーから深いブルーまでの類似色相を用いて、全体に統一感と落ち着きを持たせながらも、投資における確実性や透明性を強調しています。視覚的にも読みやすく、情報が整理されている印象を与えるため、訪問者がストレスなく情報を取得できるデザインとなっています。

丸の内イノベーションパートナーズ株式会社
https://marunouchi-innovation.com/

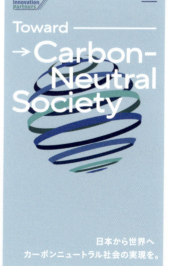

036

melt［メルト］|休息美容 休みながら美しく
https://meltbeauty.jp/

BASE #F6E7E0
KEY #806B70　#5C75AC
SUB #B78791　#E8DDDC　#E6C5C9　#E3937F
FONT #806A6D

淡い色で合わせて柔らかくする

美容液成分が配合されたヘアケア商品のWebサイトでは、上品で柔らかな印象を与える類似色相の配色となっています。ピンクベージュは温かみと親しみやすさを感じさせる色で、美容製品の魅力を引き立てる役割を果たしています。とろけるようなフォントやオブジェクトを使用することで視覚的なアクセントを加え、ユーザーにとって魅力的で記憶に残るデザインとなっています。

FruOats（フルオーツ）- ヴィーガン＆グルテンフリークッキー
https://shop.fruoats.jp/

BASE #EB6E4E
KEY #FCC01B
SUB #D13A37　#FFFFFF　#BA6328　#E9DACD
FONT #2B2B2B　#EB6E4E

彩度を抑えることで色が馴染む

健康志向のグルテンフリークッキーのWebサイトでは、コーラルピンクに近いオレンジやピーチカラーの類似色相を使用することで、ヘルシーで活力のあるライフスタイルを連想させる配色となっています。明るく軽やかな色合いが、商品のフレッシュさや健康志向を強調し、ユーザーにポジティブな印象を与えます。

Blue Yonder Property Group (BYPG)
https://www.bypg.com/

BASE #FFE6E3
KEY #FF2727
SUB #4D0000　#B80000
FONT #4D0000　#FFFFFF

同系色でまとまり感を出す

テキサス州オースティンに拠点を置く商業不動産企業のWebサイトでは、ピンク〜赤の同系色でまとめた配色となっています。ビジュアルも1トーンの色にすることで、よりまとまり感を出しています。彩度の高い、ビビッドカラーを使うことで先進的な印象を与えます。

カラーチップ
Webサイトで使われているカラーを16進数コードで掲載しています。

BASE：ベースカラー
KEY：キーカラー
SUB：サブカラー
FONT：フォントカラー

サイト解説
それぞれのWebサイトの配色に関して解説しています。

サイト情報
サイトのタイトルとURLを掲載しています。サイトの情報は巻末でも一覧でまとめています。

本書を読む上でのご注意

色の再現性について
ディスプレイと印刷物の色表現の仕組みの違いにより、
書籍ではWebサイトの色を正確には表現できません。
実際の色は実際のWebサイトにアクセスしてご確認ください。

サイト解説文について
サイト解説文は執筆者の見解に基づいています。
実際の制作者の意図とは異なる場合があります。

キーカラー・サブカラー等の色の分類について
カラーチップや解説文で触れているキーカラー・サブカラー等の
分類も執筆者の見解に基づいています。
実際の制作者の意図とは異なる場合があります。

カラーコードについて
カラーコードはスクリーンショット、またはCSSコードからピックアップしていますが、
実際にサイト上で表示されている色とは異なる場合があります。

サイトビジュアルについて
本書に掲載しているサイトのビジュアルは、2024年8月現在のものです。
以降の更新やリニューアル等により、ビジュアルが変わったり、
サイトが削除されたりする可能性があります。あらかじめご了承ください。

CHAPTER

1

Webでの配色の基本

Webサイトの特徴として、スマートフォンや
パソコンなどのディスプレイに表示されること、
直接的な成果が求められること、
情報の伝達が重要であること、
そしてユーザーによる操作が行なわれることが
挙げられます。そのため、Webデザインには
特有の配色の考え方が必要です。
ここでは、まずWebサイトの配色を考える際の
基本を理解しましょう。

01 Webデザインでは なぜ配色が大切なのか?

人間は色からあらゆる情報や印象を受け取ります。
Webデザインにおいても色は重要な要素であり、さまざまな役割を果たします。
色がどのような役割を果たすかを理解したうえで、適切な色彩設計を行なうことが必要です。

行動を促す役割

多くのWebサイトでは、ユーザーに会員登録や問い合わせといった行動をとってもらうことを目的としています。この目的を達成するために、ボタンやコンバージョンエリア（お問い合わせエリアのような、ユーザーが目標としているアクションを起こす場所）の色が重要な役割を果たします。

色が与える心理的印象を基にして決定する方法だけでなく、サイト全体や近くの要素との色のバランスによってもどんな色を使うと効果的かを検討する必要があります［図1］。

[図1]CX（顧客体験）プラットフォーム【KARTE（カルテ）】
https://karte.io/
CX（顧客体験）プラットフォームを提供する会社のWebサイトでは、サービスロゴにも使用されている青緑色を資料ダウンロードのコンバージョンボタンやエリア背景に使用し目立たせている。

情報を正確にわかりやすく伝える役割

ユーザーが、欲しい情報を簡単に見つけられ、正しく理解するためにも、色は重要な役割を果たします。たとえば、大切な情報やタイトルには、はっきりとした濃い色を使用して目立たせたり、リンクやボタンといった導線となる部分には、サイトのキーカラーを使用して他の要素と差別化したりします［図2］。

情報をわかりやすく伝えるための色彩設計をするためには、デザインをする前の丁寧な情報設計が重要です。

[図2]【公式】次世代型テレマティクスサービス-LINKEETH(リンキース)
https://www.ntt.com/business/services/linkeeth/lp/linkeeth.html
次世代型テレマティクスサービスを提供する会社のWebサイトでは、キーカラーの水色を各エリアの英語見出しやボタンに使用することで、情報の区切りや導線を明確にしている。

与えたい印象づけを行なう役割

色の種類・明るさ・濃さなどによって、Webサイトを見る人に与える印象が変わります。たとえば、赤は情熱的でエネルギッシュな印象を与えます［図3］。青は穏やかで冷静な印象を与えますが、薄い水色のような青になると、より爽やかな印象になります。

また、色の組み合わせによっても印象が変わります。赤・青・緑・黄などを組み合わせると、カラフルで楽しい印象になるので、子供向けサービスや幼稚園のサイトで使用されることも多いです［図4］。

さらに、国によって色に対する印象も異なるため、海外向けのWebデザインではその国の人々が色に対してどのような印象を持つか考慮する必要があります。

[図3]リクルートサイト｜AJ・Flat株式会社
https://www.ajflat.co.jp/recruit_site/
ソフトウェア開発会社のリクルートサイトでは、赤色がサイト全体で大胆に使われており、熱量が高く、情熱に溢れた印象になっている。

[図4]やまのみ保育園｜福岡県福岡市の保育園
https://yamanomi-hoiku.com/
福岡市にある保育園のWebサイトでは、緑、黄、青の複数の色を使用することで、カラフルでワクワクとした印象づけを行なっている。

ブランドを訴求する役割

色を見た時に、「あの企業っぽいな。あのお菓子のパッケージに使われていたな」と連想した経験がある人も多いのではないでしょうか？

企業や商品、サービスのブランドの印象づけを行なう際に、色は重要な要素になります。ロゴデザイン、Webサイト、パンフレット、パッケージといったあらゆる媒体に、一貫した色のルールを反映することで、ユーザーにその色を見ただけでブランドを思い出してもらいやすくなります［図5］［図6］。

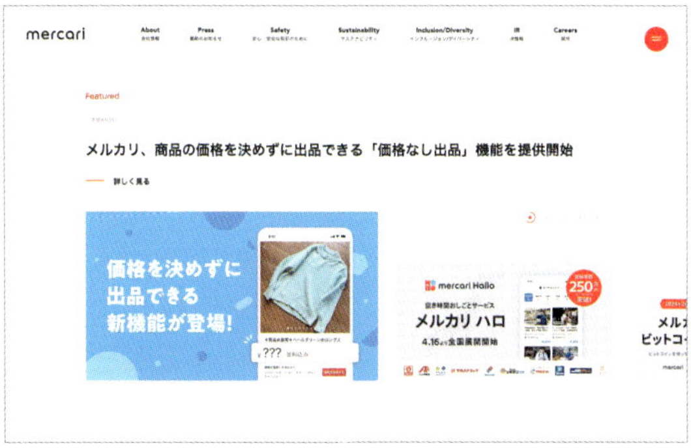

[図5]株式会社メルカリ
https://about.mercari.com/
株式会社メルカリのコーポレートサイトでは、メルカリのサービスロゴにも使用されているブランドカラー「mercari Red」をアクセントカラーとして採用している。

[図6]株式会社メルカリ - 採用情報
https://careers.mercari.com/jp/
採用情報ページでも、コーポレートサイトと同様に「mercari Red」を使用することで、ブランドとしての統一感を感じられる。

02 配色の基本①
色の作り方

デザインをする際に、色がどのように作られているのかを知っておくことで、
意図を持って色を選択・調整できるようになります。
色はデジタル媒体と印刷媒体によって、異なる原則に基づいて作られます。

光の三原色

スマートフォンやパソコン、テレビといったディスプレイ上では、赤：Red（R）、緑：Green（G）、青：Blue（B）の3色の光を組み合わせることで、あらゆる色を表現することができます。これら3つの色（光）のことを「光の三原色」と呼びます［図1］。

輝度（発する光の強さ）が最も高い状態で、赤と緑の光を混ぜ合わせると黄色：Yellow（Y）、緑と青を混ぜ合わせると青緑：Cyan（C）、赤と青を混ぜ合わせると赤紫：Magenta（M）ができます。また、3つの原色を組み合わせると白色になります。

光は組み合わせれば組み合わせるほど明るくなるため、光の三原色を基に色を混ぜ合わせることを「加法混色」と言います。

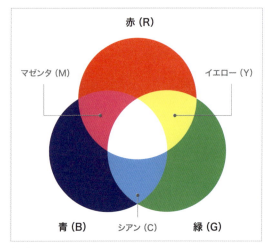

［図1］光の三原色

色の三原色

印刷物や絵の具といった実際に物体のある色は、青緑：Cyan（C）、赤紫：Magenta（M）、黄色：Yellow（Y）の3つの原色の組み合わせで表現され、これら3色を「色の三原色」と呼びます［図2］。

色の三原色のうちの2色を混ぜ合わせてできる「赤・緑・青」は、「二次色」と呼ばれます。光とは異なり、インクや絵の具などの色料は混ぜれば混ぜるほど光の反射量が減るために、色が暗くなっていきます。そのため、「減法混色」と呼ばれます。

実際には、3つのCMYの原色を混ぜ合わせると純粋な黒色ではなく濁った茶色になるため、印刷をする際には、黒：Black（K）を加えたCMYKの4色のインクを使用します。

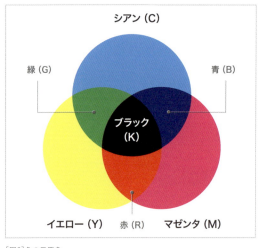

［図2］色の三原色

Webでの色の指定方法

●RGBでの色の指定

RGBで特定の色を表現する場合、赤・緑・青のそれぞれの光の輝度を0〜255の256段階で指定します。0はその色の光が存在しておらず、数値が255に近づくにつれて色味が強くなります。

たとえば、rgb（0, 255, 255）の場合、緑（G）と青（B）の光が最も強い輝度で組み合わさるので明るいシアンになります。rgb（0, 0, 0）の時にはすべての原色の光がない状態なので黒、rgb（255, 255, 255）の時には白になります。

また、CSSではRGBにa（アルファ）という不透明度を加えて色を指定する方法もあります。不透明度には0〜1の間の小数値を使用し、rgba（0, 255, 255, 0.5）と指定すると、不透明度50％のシアンになります［図3］。

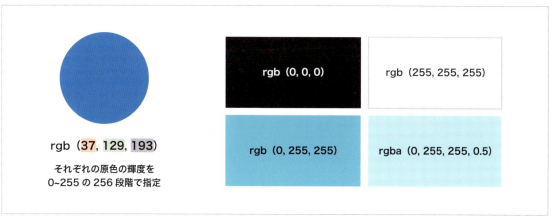

［図3］RGBでの色の指定方法

●HEXでの色の指定

Webでは「#D89B39」のように#（ハッシュマーク）からはじまる6桁の16進数のカラーコードで色を指定することもよくあります。これは、RGBに対応する2桁の16進数を繋げて表現したもので、#D89B39はR：赤がD8（16進数）、G：緑が9B、B：青が39の分量で混合していることを表現しています。RGB（0, 255, 255）はHEXで表現すると#00FFFFになります［図4］。

#FFFFFFの時には白、#808080の時には明るさ50％の灰色、#000000の時には黒色になります。

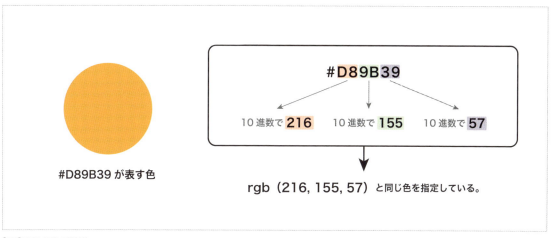

［図4］HEXとRGBの関係性

03 配色の基本②
色相・彩度・明度とトーン

色は「色相」、「彩度」、「明度」の3つの属性を持っています。
そのうち、彩度と明度によって色の「トーン（色調）」が決まります。
それぞれの属性の調整がどのように色の印象を変えるのかを知ることで、
適切な配色ができるようになります。

色の三属性

● 色彩（Hue）
　色の三属性の1つ目は、赤・青・緑のように色の種類を示す「色相：Hue」になります。色相を視覚化するために、円状の「色相環」と呼ばれる図が使われます。右の図の色相環は、RGBの加法混色とCMYの減法混色に基づいて作成されています。

　色相環は12色で構成されることが多く、基準となる3つの原色（RGB、CMY、RYBなどモデルによって変わります）と、その原色同士を組み合わせてできる3つの二次色、原色と二次色の間にできる6つの三次色（中間色とも呼ばれる）から成り立ちます。

● 彩度（Saturation）
　色の三属性の2つ目は、色の鮮やかさ・純度を示す「彩度：Saturation」になります。彩度が最も高い状態では、色に白色や灰色、黒色が全く含まれていないので鮮やかな色になり「純色」と呼ばれます。一方で、彩度が低くなるにつれて色がくすんでいきます。

● 明度（Lightness）
　色の三属性の3つ目は、色の明るさを示す「明度」になります。明度が高い色は明るい色になり、明度が低い色は暗い色になります。

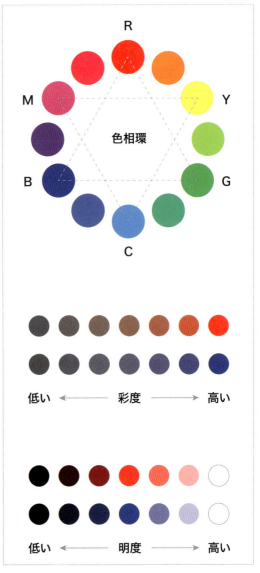

[図1]色の三属性

トーン

　トーンは「色調」とも言われ、図のように明度と彩度によって決まります。色に白色を混ぜて明るくしていくことで生まれる色合いを「ティント」、黒色を混ぜて暗くしていくことで生まれる色合いを「シェード」と呼びます。色相が異なる色の組み合わせであっても、同じトーンにすることで、調和のある配色になります。

　また1つの色であっても、トーンの違いによってあらゆる表情が見られます。たとえば、赤であっても明度が高く、彩度が低い「ペール」のような色調であれば、柔らかく温もりのある印象になります。一方で、「ディープ」のような明度が低く彩度が高い赤は、渋く落ち着きがあるため、伝統的な印象になります。

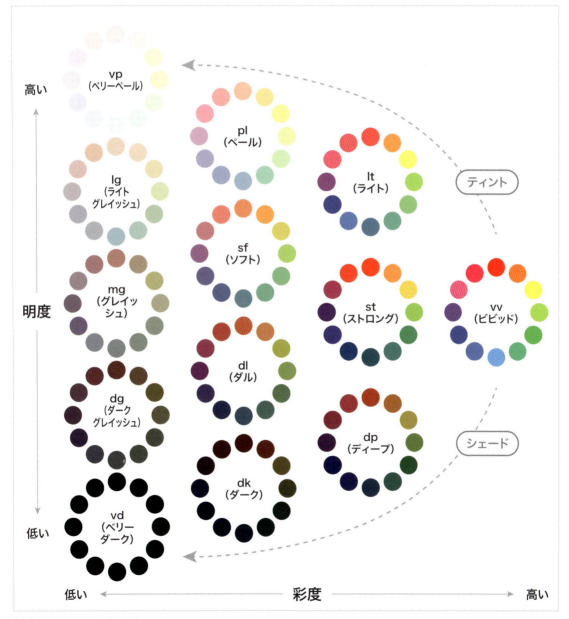

[図2]明度と彩度の相互関係(JIS規格)

色相・彩度・明度による印象の違い

　色の三属性は色の印象に大きな影響を与えます。色相の場合、色相環上で近い色同士を組み合わせた時には、特定の色相が持つイメージを印象づけやすい配色になります。たとえば、青色と水色を組み合わせた配色にすることで、青系の色相が与える「爽やかさ」「落ち着き」といった印象を与えられます。また、色相環で向かい合う色同士（補色）を組み合わせた配色になると、互いの色を引き立て合うメリハリのあるはっきりとした印象効果を生み出します。色相を活用した配色については、CHAPTER 2で詳しく紹介します。

　彩度の場合には、高くなるほど色が鮮やかになるので、派手で強い印象になります。ただし、彩度の強い色を使いすぎると、すべての色が目立ち、乱雑な印象になりがちなので、ワンポイントで使うなどの工夫が必要になります。一方、彩度が低くなると、色がくすんでいくため、地味で落ち着いた印象になります。

　明度の場合には、高くなるほど白色に近づくため、柔らかく軽い印象になります。一方で低くなると黒色に近づくため重厚感のある硬い印象になります。

[図3]色の三属性による印象の違い

有彩色と無彩色

　色は彩度の有無によって「有彩色」と「無彩色」の2つに分けられます。白・黒・灰色といった色味の無い色、つまり彩度が無い色のことを「無彩色」と言います。無彩色には色相もないため、色の違いは明度の違いによって表現されます。

　一方で、少しでも色味がある色、つまり彩度がある色のことを「有彩色」と言います。

　無彩色によって構成される配色は「モノトーン」と呼ばれ、シックで落ち着いた印象を与えるため、ファッション系のサイトで使用されることも多くあります。ただし、人物写真をモノトーンで使用する際には、遺影を連想させることもあるため、写真のアングルや被写体への光の当て方などで工夫が必要です。

[図4]有彩色と無彩色

暖色・寒色・中性色

　色相は、見た時に感じる温度によって、「暖色」、「寒色」、「中間色」の3つに分けられます。赤やオレンジは炎や太陽を連想させる色であり、見た時に暖かみを感じるために「暖色」に分類されます。一方で、青や水色など海や氷を連想させる色は、寒さや冷たさを感じるために「寒色」と呼ばれます。見た時に温度を感じにくい、それ以外の色は「中性色」と呼ばれ、色相環でいうと黄緑から緑、紫から赤紫の間に分布する色になります。

　また、「暖色」、「寒色」、「中間色」でも明度と彩度が変わることで与える印象に変化が生まれます。たとえば、寒色でも明度と彩度の高い水色は優しく・爽やかな印象になる一方、明度と彩度の低い藍色や紺色は重厚感があり落ち着いた印象になります。

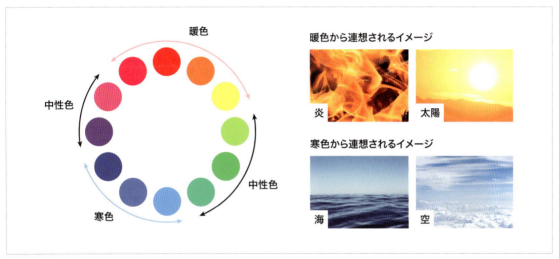

［図5］暖色・寒色・中性色と連想されるイメージ

HSLでの色の指定

　CSSではRGBやHEX以外にも、色の三属性を用いて色を指定するHSLという形式もあります。

H：色相に該当し、0〜360の値で指定する
S：彩度に該当し、0〜100の値で指定する
L：明度に該当し、0〜100の値で指定する

　Lの値が0の時には黒、100の時には白になり、HSLで純色を表現するためには、Sに100、Lに50を設定する必要があります。たとえば、原色の赤はH：0、S：100、L：50になります。

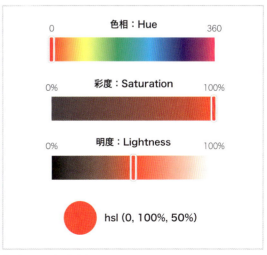

［図6］HSLでの色の指定方法

04 配色の基本③
色が与えるイメージ

色彩心理学で、色が人間の感情、行動、認知に与える影響が研究されているように、それぞれの色は見た人に異なる感情を呼び起こさせると言われています。
ここでは、色から連想される一般的なイメージをご紹介します。

赤が与えるイメージ

赤は、炎や太陽を連想させるため、「情熱・暑さ・パワー・活発さ・愛」といったエネルギーを感じさせ、気分を高める働きを持っています。

一方で、目立つ色でもあるため、エラーや危険を知らせるための警告色としても使用されます。

[図1]ソルー株式会社 | WEBマーケティングの力で爆発的成果をもたらす会社
https://www.solu.co.jp/

オレンジが与えるイメージ

オレンジは、赤色と黄色の中間にあたる暖色であり、「陽気さ・親しみ・暖かみ・高揚感」を感じられる色になります。ビタミンカラーであるオレンジには、食欲を増進させたり、新陳代謝を高める効果があるので、食品系のブランドカラーとして使用されたり、コンバージョンエリアに使用されることも多いです。

[図2]ヘルスケアアプリ『みんなの家庭の医学』サービスサイト
https://service.kateinoigaku.jp/index.html

黄が与えるイメージ

　黄色は、明度が高い色であるため、「明るさ・楽観的・爽快さ・賑やかさ」といったイメージを持っています。そのため、保育園などの子供たちが集まる施設のサイトや、遊び心や好奇心を刺激するユニークなサイトなどで見られます。また、注意を促す色でもあるため、道路の標識などにも見られます。

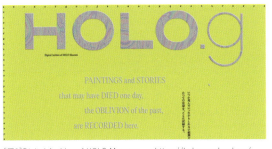 

[図3]Digital Archive of HOLO Museum　　https://holo.punchred.xyz/

緑が与えるイメージ

　緑は、植物を連想させるため、「フレッシュさ・癒し・調和・安らぎ」といった印象があります。安全のイメージにも繋がる色であり、避難口のマークにも使用されます。あらゆる色調で表現できる色でもあり、明るい緑は元気でスポーティな印象、濃い緑は知性や落ち着きを感じさせます。

[図4]榎本調剤薬局｜立川駅、西立川駅の調剤薬局　　https://enomoto-pharmacy.com/

青が与えるイメージ

　青には、海や空に通じることから、「爽やかさ・冷静さ・冷たさ・誠実さ」といった印象があります。紺色などの明度の低い青は、信頼感や知性をより印象づける一方で、明度の高い水色からは爽快さが感じられます。シャツなどにも使用されることから、ビジネスシーンでもよく見られます。

[図5]メトロアドエージェンシー 新卒採用サイト　　https://maa-recruit.jp/

紫が与えるイメージ

　紫は、「高級感・優雅さ・気品高さ」が感じられる色で、想像力やインスピレーションを高めるような効果があると言われています。赤と青という相反する色の中間色にあたるため、色相・明度・彩度によって色の印象が大きく変わりやすいです。時には下品さや不安を感じさせることもあるので注意して色合いを決める必要がありますが、効果的に使うことでサイトの印象がぐっと上品になります。

[図6] Queen Garnet　　https://www.queengarnet.com/

ピンクが与えるイメージ

　ピンクは、「可愛さ・優しさ・幸福」といった印象を感じられる色で、女性らしいイメージを与えやすい色でもあります。マゼンタのように彩度や明度が高くなると、派手でエネルギッシュな印象が強くなります。桜が連想される色でもあるため、和風なデザインとの相性も良い色です。

[図7] 化粧筆専門店 京都六角館さくら堂　　https://www.rokkakukan-sakurado.com/

黒が与えるイメージ

　黒は明度が最も低い無彩色であり「重厚感・高級感・力強さ」といった印象を与えます。一方で、夜や死を連想させる色でもあるため、不安や孤独感といったイメージもあります。周囲の色を引き締めて目立たせることができる、機能性の高い色でもあります。

[図8] FunTech inc. | Creativity is "ROMAN"　　https://www.funtech.inc/ja

白が与えるイメージ

　白は「純粋・清潔・純潔」といったクリーンでポジティブな印象があります。ただし、多用しすぎると無機質な印象になることもあります。

　一方で、白色に少し彩度を持たせたペールカラーは柔らかく、心のこもった印象を与えることができます。

［図9］原宿サン・アド - Harajuku Sun-Ad　　https://h-sunad.co.jp/

その他の色のイメージ

　茶色は、自然や大地を連想させる「アースカラー」と呼ばれる色の一種でもあると同時に、歴史や伝統を感じさせるため「落ち着き・堅実」といった印象を与えることができる色です。

［図10］Kōzōwood　　https://kozowood.com/e

　銀色は、プラチナやシルバーのアクセサリーを連想させるため、「高級感・洗練さ」を印象づける色です。また、金属的な質感から、先鋭性や未来感といったイメージも感じられる色でもあります。

［図11］NATOCO - ナトコ株式会社　　https://www.natoco.co.jp/

　金色は「豪華さ・華やかさ・成功」といった印象がありますが、使いすぎると品のないチープな印象になってしまいます。ワンポイントで使用したり、彩度を落としたりすることで品のある高級感を演出できます。

［図12］monopo NYC　　https://monopo.nyc/

05 配色の基本④ 色の機能的役割

色には、見た人に特定の感情や気分を引き起こす「情緒的役割」だけでなく、
対象物を見やすくしたり、目立たせたりするなど、情報伝達を向上させる「機能的役割」もあります。
色の機能的役割を理解することで、
情報をよりわかりやすく伝えられるような配色ができるようになります。

機能的役割1：要素を見つけやすくする

●誘目性

「誘目性」とは、対象物がどれだけ人の目を引きやすく、目立つかを指します。警告や注意喚起、広告やコンバージョンエリア（CVエリア）など、ユーザーの視線を集めたい部分には、誘目性の高い色を使用すると良いでしょう。誘目性の高い色は、赤やオレンジなどの暖色で、彩度が高いものとされています。ただし、背景色によって誘目性の度合いが変わることがあります。高い誘目性を確保するためには、背景色との明度差を大きくしてコントラストを高める必要があります［図1］［図2］。

［図1］色と誘目性の関係性

［図2］誘目性の活用例

●視認性

「視認性」とは、対象物がどれだけ容易に認識できるか、背景に対してどれだけ際立っているかを指します。視認性が低い文字やアイコンは、背景に馴染んでしまうため、認識しづらく、読みづらくなります。視認性を確保するためには、誘目性と同様に背景色との明度差を大きくする必要があります［図3］。

［図3］明度と視認性の関係性

機能的役割2：要素を理解しやすくする

● 明視性・可読性

「明視性」と「可読性」は、共に対象物が発見された時の意味の理解のしやすさの度合いを指し、その対象物が図形である場合には明視性、文字や数字である場合には可読性と呼びます。これも視認性と同様に、背景との明度差をつけることで図形や文字の輪郭が明確になり、明視性や可読性が高まります。

ただし、明度差が大きすぎると目の負担が増え、長時間文章を読むと疲れやすくなります。そのため、メディアサイトなど文章に特化したサイトの場合には、目に優しい明度差になるよう調整をしている場合も見られます［図4］。

[図4]明視性と可読性の違い

● 識別性

「識別性」とは、複数の対象物がどれだけ別のものとして区別しやすく、識別しやすいかを指します。識別性の高い色の組み合わせは視覚的に区別がしやすいため、情報伝達を素早く正確に行なうことができます。

日常生活では、鉄道の路線図や信号機の赤・黄・緑、グラフやチャートなどにも識別性が高い色が使われています。識別性を高めるためには、色相、明度、彩度の違いを活用し、高いコントラストを持たせることが重要です［図5］。

ただし、昨今では、さまざまな色覚特性を持つ人々が見ることを考慮して、色だけでなく記号や数字などを組み合わせ、誰にとっても識別しやすくする工夫が見られるようになりました。詳しくは、次のアクセシビリティの節でご紹介します。

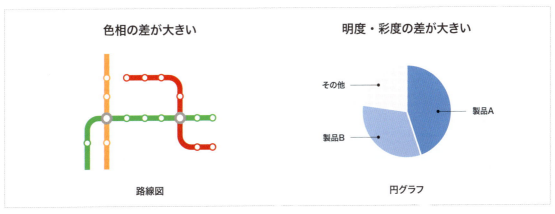

[図5]識別性の活用例

06 アクセシビリティを考慮した配色

ウェブアクセシビリティとは、障害の有無にかかわらず、すべての人がWebサイトやWebアプリケーションにアクセスし利用できるようにすることを指します。
2024年4月には障害者差別解消法の改正法が施行され、
ウェブアクセシビリティの重要性がさらに高まっています。
配色についても、高齢者や色覚に特徴がある人々が利用することを前提に考慮する必要があります。

色のコントラスト比

色のコントラスト比は、前景色（テキスト）と背景色の明るさの差（明度の差）を数値で表したものです。コントラスト比が高いほど、テキストが背景に対してはっきりと見えます。視覚障害や色覚異常を持つユーザーがコンテンツを容易に読み取るためには、十分なコントラストが必要です［図1］。

WCAG 2.1※では、色のコントラスト比について以下の基準を設けています。

・通常のテキスト：最低でも4.5：1のコントラスト比を推奨
・ラージテキスト（18ポイント＝約24px以上、またはボールドで14ポイント＝約18px以上）：最低でも3：1のコントラスト比を推奨

ただし例外として、非活性ボタンなどの非アクティブな要素や装飾テキスト、またロゴに関してはコントラスト比の条件を満たす必要はありません［図2］。

［図1］コントラスト比の違い

※ WCAG 2.1 とは、「Web Content Accessibility Guidelines 2.1」の略で、ウェブコンテンツのアクセシビリティを確保するためのガイドラインです。

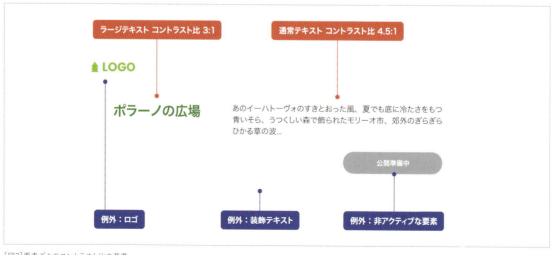

［図2］要素ごとのコントラスト比の基準

● コントラスト比をチェックする方法

　Webデザインツールである「Figma」には、「Contrast」というコントラスト比をチェックするためのプラグインがあります。また、オンラインでもコントラスト比を確認できるツールとして、「Adobe Color」や「Colorable」などが利用できます。これらのツールを活用することで、手軽にコントラスト比をチェックできます。

[図3]figmaの「Contrast」というプラグイン
コントラスト比の基準を満たしていないものはFAILと表示されるため、簡単にコントラスト比を守れているかを確認できる。

[図4]Adobe Color　https://color.adobe.com/ja/create/color-accessibility
通常テキスト、大きなテキスト、グラフィックコンポーネントごとにアクセシビリティの合否を確認できる。

色覚多様性者を意識した配色

　色覚の違いを持つ人々に配慮した配色を行なうことで、よりアクセシビリティを高めることができます。たとえば、赤と緑はP型やD型の色覚を持つ人にとって区別が難しい色として認識されます[図5]。

　色覚特性による見え方の違いは、Figmaでは「Color Blind」というプラグインを使用することで確認できます。Photoshopでは「表示」からP型とD型の色覚特性の見え方を確認できます。

　色覚の特性によっては、色の違いがわかりにくい組み合わせがあります。そのため、情報を伝える際には色だけに頼らないデザインの工夫が必要です。

　たとえば、強調したいテキストを色だけでなく太字にする、グラフでは色の境界に区切り線を設ける、各データにパターンを適用する、ラベルを追加するなどの方法があります。こうした工夫をすることで、誰でも正しく情報を理解できるようになります[図6]。

[図5]色覚特性による色の見え方

[図6]色だけに頼らないデザインの工夫

テキスト内で色のみで強調している部分を太文字にしたり、グラフの各領域にパターンを敷くことで、どんな色覚特性の人にも正確に情報を伝えることができるようになる。

07 Webデザインにおける カラーの定義

Webサイトでは、色を用いてターゲットにブランドイメージを伝えたり、コンバージョンエリアを目立たせたりするなどの機能を持たせた配色を行なうことで、効果的なデザインを実現します。ここでは、Webデザインの配色を考える際に基本となるキーカラー、ベースカラー、サブカラー、フォントカラーの定義と役割をご紹介します。

キーカラー

「キーカラー」とは、ブランドイメージやメッセージを視覚的に伝えるために、サイト全体の第一印象を形成する主要な色のことを指します。

キーカラーの選定は、ターゲットの嗜好や与えたい印象といった心理的観点から選ぶことが基本です。また、キーカラーにブランドカラーを使用することで、視覚的な識別性と一貫性を確保し、ブランドの認知度を高める役割を果たします。

たとえば、ロゴ、ヘッダー、ボタン、リンクなど、サイト全体のデザインパーツに一貫して使用することで、ユーザーに統一された視覚的な認識を与えることができます。

ベースカラー

Webサイトにおける「ベースカラー」とは、サイト全体のデザインの基盤となる色で、背景や主要なコンテンツエリアに使用されます。この色は、配色の中で最も大きな面積を占めることが一般的です。キーカラー同様に、サイト全体の印象を左右するため、キーカラーとベースカラーを区別せず、同じ色を使用する場合もあります。

ベースカラーを決める際には、キーカラーを引き立てるような色にすると良いでしょう。キーカラーと同系色でトーンを調整した色、補色、または白やグレーといった無彩色を使用することが多いです。

[図1]Webデザインにおける4つの基本配色

サイトによってはベースカラー、キーカラー、サブカラー、フォントカラーの4色がすべて同じ色であったり、キーカラーとベースカラー、フォントカラーのみが設定されている場合もある。基本を理解した上で、サイトの目的に応じて適切な配色を決定できるようになると良いだろう。

サブカラー

「サブカラー」とは、キーカラーを補完する役割の色であり、キーカラーの1色だけでは物足りないと感じる時に使用されます。

サブカラーは、目的によって選定方法が変わります。サイト全体に統一感を出したい場合には、キーカラーの色相と近い類似色を選びます。一方で、コンバージョンエリアを目立たせたい場合には、キーカラーの補色を使用したり、デザインにメリハリや華やかさを出したい場合には、複数の色をサブカラーとして使用する場合もあります。

Webデザインにおいてサブカラーの使用は必須ではありません。写真やキーカラーによってサイト全体が彩られている場合には、煩雑な印象を避けるためにサブカラーは使用しないという判断がなされます。目的を明確にした上で、サブカラーの使用を検討することが重要になります。

[図2]食菜卵(しょくさいらん)-たまごの八千代ポートリー
https://www.yachiyo-egg.com/

株式会社八千代ポートリーのサイトでは、キーカラーである緑色と黄色に加えて、サブカラーとしてオレンジ色がボタンやナビゲーションに使用され、ページ遷移の要素が目立つよう設計されている。

フォントカラー

「フォントカラー」とは、サイト内のテキストに使用される色です。コンテンツの視認性と可読性に大きく影響を与えるため、背景色とのコントラストを確保した色を選定することがおすすめです。また、ブランドカラーやキーカラーと同じ色や明度を落としたものをフォントカラーに設定することで、ブランドイメージやサイト全体で与えたい印象をより効果的に伝えることもできます。

本文に使用するフォントカラーに関しては、背景色とのコントラストが強すぎる場合には読む際にユーザーの目が疲れてしまう原因となります。そのため、白背景のサイトでは、本文には#000000の純黒ではなく、明度を少し上げた#222222を使用するなどの工夫がされている場合もあります。ブログやメディアサイトでは本文のフォントカラーと背景色とのコントラストを意識することをおすすめします。

[図3]サステナブルな社会へ from Benesse
https://www.benesse.co.jp/brand/

株式会社ベネッセホールディングスのサイトでは、記事タイトルや本文テキストに純黒 #000000 ではなく、#333333 が使用されている。

08 配色の決め方

Webデザインの配色を決める時には、ターゲットや色の印象、企業のブランディング戦略などあらゆる情報を基に検討を進める必要があります。
ここでは、実際に配色を検討するにあたって意識できるとよいポイントをご紹介します。

ポイント1：ターゲットの属性を考慮する

Webデザインの配色を決める際には、サイト利用者の年齢、性別、文化背景、職業、趣味・関心などの特性や背景といったターゲットの属性を考慮します。これらの属性を意識することで、ターゲットに好まれる色を検討したり、視認性などのアクセシビリティの視点を取り入れたりすることができるようになります。結果として、ターゲット層に適した配色ができ、より質の良いユーザーエクスペリエンスを提供できるようになります。［図1］に、代表的なターゲットの属性を紹介します。

- [ ] **年齢層**
  年齢層によって、好む色や視覚的な感覚が異なります。高齢者を意識した時には、より視認性の高い配色も検討が必要です。

- [ ] **性別**
  性別によって色の好みが変わる傾向があります。ただし、ジェンダーニュートラルな性別にとらわれない配色が必要な場合もあります。

- [ ] **職業**
  職業ごとに異なる価値観や文化、業界の慣習があります。配色によって特定の職業が連想されたりします。

- [ ] **経済状況**
  収入などの経済状況によって嗜好・ライフスタイルに変化が起きるため、色の好みにも影響を与えると言われています。

- [ ] **趣味・関心**
  ターゲットの趣味や好きなものから連想される色を使用することで、親近感を感じてもらいやすくなります。

- [ ] **属している文化**
  国や地域、宗教などの文化の違いによって同じ色であっても意味や解釈が異なる可能性があります。

- [ ] **行動パターン**
  長時間閲覧するか、一瞬だけ見るかによって、目に優しい色にするかインパクトのある色にするかなどを検討します。

- [ ] **障害の有無**
  異なる色覚特性を持つ人々にも対応できる配色やコントラストの設計が必要になります。

［図1］Webデザインにおける4つの基本配色

● ターゲットを具現化した「ペルソナ像」

「ターゲット」は広範な顧客層を示す一方で、「ペルソナ」はその中の具体的な架空の人物を指します。ペルソナを使うことで、ターゲットのニーズをより具体的に理解でき、より効果的な情報設計やデザインの戦略を検討できるようになるため、適切な配色も見つけやすくなります。

佐藤 恵子

基本情報

年齢	32歳
性別	女性
職業	マーケティング担当
収入	年収500万円
居住地	東京都渋谷区
家族構成	夫と2歳の娘
ペット	小型犬（トイプードル）

詳細情報

ライフスタイル
都会的でアクティブ。仕事と育児を両立させながらも、家族との時間を大切にしている。休日には家族で公園に行ったり、カフェで過ごしたりする。

趣味・関心
ペットの健康やトレーニング、子育て、料理。最近はペットの食事に気を使っており、オーガニックフードに興味がある。

目標
ペットと家族のために安心して使える商品を探している。特に、品質の高いペットフードや便利なペットグッズに興味がある。

ネット利用状況
SNSを活用してペット関連の情報を収集。オンラインショッピングやレビューをよく利用する。

課題
商品の品質やレビューの信頼性に不安がある。忙しくて実店舗に行く時間がないため、オンラインで簡単に情報収集と購入をしたい。

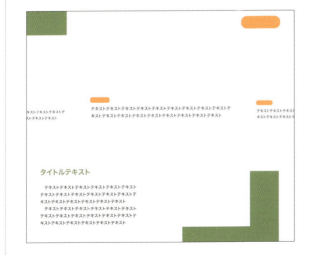

ベースカラー

キーカラー

サブカラー

フォントカラー

ペットの健康を考えて、オーガニックフードや商品の品質にこだわりがあることから、サイトのキーカラーにはモスグリーン、ベースカラーにはベージュを使用し、ナチュラルで品のある印象の配色にしている。
また、サブカラーでオレンジを使用することで、温かみのある親しみやすい印象をプラスし、ペルソナに安心感を与える。

[図2]架空のペットショップWebサイトのペルソナと配色の例

ポイント2：色彩心理学を応用する

　色は見た人に異なる感情を呼び起こさせると言われています。そのため、Webサイトのターゲットにどんな印象を与えたいか、どんな感情を持ってもらいたいかを決めた上で、どの色がその印象を与えられるかを考えて配色を決めるという方法もあります［図3］。

　それぞれの色がどのような印象を与えたりイメージを持っているかは、本章の『04 配色の基本③色が与えるイメージ』（020ページ）で詳しく紹介しています。

［図3］色彩心理を利用した配色の決め方

ポイント3：ブランドカラーを使用する

● ブランドカラーとは

　「ブランドカラー」とは、見ただけで特定の企業や製品が連想できたり、ブランドイメージや世界観を伝える役割のある色のことです。人間の目から入る情報のうち大部分が色からの情報だと言われており、文字や形より色の方が記憶に残りやすいとされています。

　たとえば、赤色はYouTubeやコカ・コーラ、黄色からはマクドナルドといったように、色から企業やサービスが想起されます。

　このように、色を見た人にブランドを思い出してもらうようにするためには、ブランドカラーをロゴ、Webサイト、広告などに一貫して使用し、ブランドイメージの定着を図ることが重要です。結果として、ブランドの独自性やユニークさが強調され、競合との差別化が図れるため、競合優位性が高くなるメリットもあります。

［図4］ブランドカラーをさまざまな媒体で一貫して使用する

● ブランドカラーのレギュレーション

ブランドカラーのレギュレーション（規定）は、ブランドの一貫性を保つために、ブランドカラーの使用方法やルールを定めたガイドラインのことです。企業や製品によっては、ブランドカラーのCMYK値とRGB値をレギュレーションとして指定している場合や、そのブランド用にロゴカラー、キーカラー、フォントカラーといった配色を規定している場合もあります［図5］。

これらの配色ルールは、企業のブランディング戦略に大きく影響を与えるため、Webサイトをデザインする際には、まず最初にレギュレーションがないかを確認するようにしましょう。

［図5］ブランドカラーのレギュレーション

配色に困った時には

配色を考えるにあたって、慣れないうちはどんな色の組み合わせが効果的かがイメージしづらい場面も多くあると思います。そのような時には、Web上で提供されている配色をサポートするツールを使って配色を考えることもひとつの手段です。

たとえば、Adobe Colorでは指定した色に合わせて、さまざまなカラーハーモニーの色の組み合わせを見つけることができます［図6］。Color Huntでは、「レトロ」や「ビンテージ」のようなキーワードから連想される配色を紹介しています［図7］。また、COOL COLORSというサイトでは、サイトイメージをプレビューしながら配色を検討することもできます［図8］。

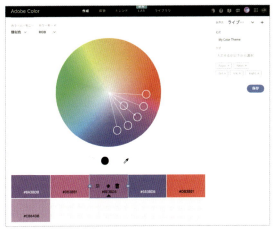

［図6］Adobe Color
https://color.adobe.com/ja/create/color-wheel

［図7］Color Hunt　　https://colorhunt.co/

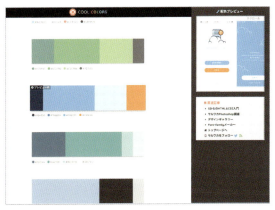

［図8］COOL COLORS　　https://saruwakakun.com/design/gallery/palette

Column

AIを活用して配色を決める

最近では、「ChatGPT」などのAI技術が日々目まぐるしいスピードで進歩しています。Webデザインの領域にもAIの技術が活用されるようになってきており、「Figma」などのWebデザインツール上でAIがデザインを生成するような機能も搭載され始めています。

AIの技術を活用することで、色に関してのあらゆる知識をスピード感を持って収集できたり、配色を考える上での新たな視点を得ることができたりします。

「ChatGPT」は、人間のように対話ができるAIチャットボットで、質問をすることであらゆる回答を得られます。たとえば、「安心感、落ち着き、コンサルティングをイメージした配色を3パターン提案してください」と質問すると、[図1]のようにカラーコードと配色理由を提示してくれます。また、色の印象や文化による解釈の違いについての質問にも素早く答えてくれます。

「Khroma」という配色ツールでは、はじめに50色の好みの色を選ぶことで、AIが好みに合わせた配色を生成し提案してくれます。自分の好きなカラーに気づくという使い方だけではなく、たとえば、ブランドカラーを検討するときに、企業に合いそうな色をクライアントと一緒に選択していき、AIにおすすめの配色を提案してもらうという使い方も考えられるでしょう。

これら2つのAIツール以外にも、さまざまな配色ツールにAIが活用されるようになってきています。Webデザインをするにあたって、AIをどのように活用できるのかという視点が今後は必要になってくるでしょう。

ただし、AIの回答がいつも正しいとは限らないので、都度情報が正しいかを本や資料、Web検索などで確認することも忘れないようにしましょう。

[図1] ChatGPTに配色のアイデアを提案してもらう

ChatGPT
https://chatgpt.com/

[図2] 好みの色を自動で生成するKhroma

khroma
https://www.khroma.co/

CHAPTER

2

配色の基本的な手法

配色のセオリーには、色相や彩度、アクセントカラー、
暖色、寒色など、さまざまな色の捉え方があります。
これらを理解することで、色の組み合わせを決める際に
論理立てて考えられるようになります。
ここでは配色のセオリーと、それらが実際のWebサイトで
どのように応用されているかを見ていきましょう。

01 類似色相を活用した配色

ANALOGOUS HUES

類似色相は、色相環で隣り合う色のことを指します。たとえば、青と緑、赤とオレンジなどです。これらの色を組み合わせることで、調和の取れた配色が生まれます。

類似色相を使う配色では、色の明度や彩度を調整して適度なコントラストをつけることが重要です。同じ色相の範囲で異なる明るさや鮮やかさを組み合わせることで、視認性とデザインのアクセントを保ちつつ、調和の取れた配色を実現します。

Color Palette

#DB3512	#E86A13	#DB8D0F
#DB44D4	#DB0F57	#9933CC
#4299DC	#271ADB	#33CCFF
#3CC64F	#009966	#8DC959
#FFFF66	#FFCC33	#FF9933

明度のコントラストを効かせてメリハリを出す

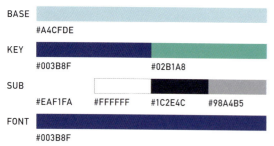

BASE #A4CFDE
KEY #003B8F / #02B1A8
SUB #EAF1FA / #FFFFFF / #1C2E4C / #98A4B5
FONT #003B8F

気候テクノロジー分野に特化した投資ファンドのWebサイトでは、信頼性と専門性を表現したブルー系の配色となっています。淡いブルーから深いブルーまでの類似色相を用いて、全体に統一感と落ち着きを持たせながらも、投資における確実性や透明性を強調しています。視覚的にも読みやすく、情報が整理されている印象を与えるため、訪問者がストレスなく情報を取得できるデザインとなっています。

丸の内イノベーションパートナーズ株式会社
https://marunouchi-innovation.com/

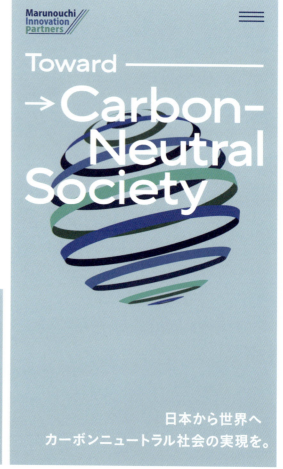

melt [メルト] | 休息美容 休みながら美しく
https://meltbeauty.jp/

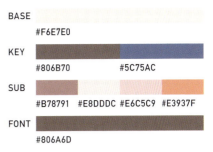

BASE
#F6E7E0

KEY
#806B70 #5C75AC

SUB
#B78791 #E8DDDC #E6C5C9 #E3937F

FONT
#806A6D

淡い色で合わせて柔らかくする

美容液成分が配合されたヘアケア商品のWebサイトでは、上品で柔らかな印象を与える類似色相の配色となっています。ピンクベージュは温かみと親しみやすさを感じさせる色で、美容製品の魅力を引き立てる役割を果たしています。とろけるようなフォントやオブジェクトを使用することで視覚的なアクセントを加え、ユーザーにとって魅力的で記憶に残るデザインとなっています。

FruOats(フルオーツ) - ヴィーガン&グルテンフリークッキー
https://shop.fruoats.jp/

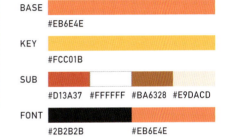

BASE
#EB6E4E

KEY
#FCC01B

SUB
#D13A37 #FFFFFF #BA6328 #E9DACD

FONT
#2B2B2B #EB6E4E

彩度を抑えることで色が馴染む

健康志向のグルテンフリークッキーのWebサイトでは、コーラルピンクに近いオレンジやピーチカラーの類似色相を使用することで、ヘルシーで活力のあるライフスタイルを連想させる配色となっています。明るく軽やかな色合いが、商品のフレッシュさや健康志向を強調し、ユーザーにポジティブな印象を与えます。

Blue Yonder Property Group (BYPG)
https://www.bypg.com/

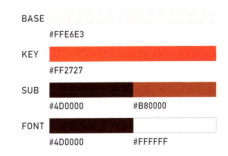

BASE
#FFE6E3

KEY
#FF2727

SUB
#4D0000 #B80000

FONT
#4D0000 #FFFFFF

同系色でまとまり感を出す

テキサス州オースティンに拠点を置く商業不動産企業のWebサイトでは、ピンク〜赤の同系色でまとめた配色となっています。ビジュアルも1トーンの色にすることで、よりまとまり感を出しています。彩度の高い、ビビッドカラーを使うことで先進的な印象を与えます。

02 異なる色相を活用した配色

DIFFERENT HUES

異なる色相を活用した配色は、強いコントラストを生むため視覚的に目立ちやすい反面、過度に使用すると雑多な印象を与える可能性があります。特に鮮やかな色を多用すると、視覚的に圧迫感を生じることがあります。主要な色に対してサポートカラーを使用し、明度や彩度を調整することで、全体の統一感を保つことが大切です。

また、異なる色相間のバランスを取るために、ネガティブスペースや中性色を効果的に活用することも重要です。

Color Palette

#FF3300	#FFCC00	#4682B4
#9933CC	#CC0066	#33CC99
#3399FF	#FFA07A	#2EBC2E
#F75B46	#20B2AA	#E8E328
#7F0B82	#F49D11	#00CCCC

高彩度の多色を、無彩色のベースで引き立てる

BASE #FFFFFF
KEY #5F39FF #FF0054 #FEB706
SUB #983ACE #FE5B00 #F4F2ED #222222
FONT #222222

首都圏を中心に営業しているタクシー会社のWebサイトでは、鮮やかな明るい色を使用しています。カラフルな配色ですが、無彩色のベースカラーと組み合わせることでほど良いバランスを保っています。また、グラデーションで馴染ませることで、先進性も感じる都会的な印象を与えています。

神奈川・東京・埼玉のタクシー、ハイヤー会社なら三和交通
https://www.sanwakoutsu.co.jp/

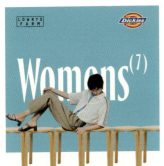

Dickies with LOWRYS FARM (24ss)
https://www.dot-st.com/lowrysfarm/cp/dickies_2024ss

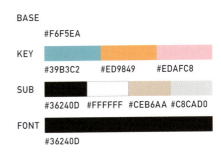

BASE #F6F5EA
KEY #39B3C2 #ED9849 #EDAFC8
SUB #36240D #FFFFFF #CEB6AA #C8CAD0
FONT #36240D

落ち着きのあるトーンでカジュアルな配色

20〜30代をメインターゲットとしているカジュアルなファッションブランドのWebサイトでは、色相の異なる色を落ち着いたトーンでまとめた配色となっています。ブランドの印象と合わせた柔らかな色合いがサイト全体の世界観を作り上げ、長体のかかったセリフ体のフォントと相まってレトロな雰囲気も出しています。

宅トラ｜宅配型トランクルームで何もせずに速攻！お部屋スッキリ！
https://www.takutora.net/

BASE #FFFFFF
KEY #02AB9A #FFD200
SUB #F43838 #000000 #E3EFEE #E4E1DE
FONT #333333

色相差を大きくして強く印象づける

宅配型トランクルームサービスのWebサイトでは、動物の"トラ"をモチーフにした黄色が特徴的な配色となっています。色相の差が大きく、原色に近い配色ですが、明度を少し抑えることで画面の見やすさを担保しつつ、ユーザーに強い印象を与えます。

RINGO アイスバー｜ICE BAR
https://ringo-applepie.com/lp/icebar/

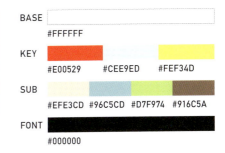

BASE #FFFFFF
KEY #E00529 #CEE9ED #FEF34D
SUB #EFE3CD #96C5CD #D7F974 #916C5A
FONT #000000

ビジュアルの色と、色相を変える

夏季限定で果肉入りのジューシーなアイスバーのWebサイトでは、ビジュアル写真の色と背景の色相が異なる配色となっています。アイスのフレーバー（アップルとベリーミックス）を連想させる色を使うことで、商品イメージをより引き立てています。

03 THREE COLORS OR MORE
3色以上の配色

3色以上の色を使った配色は、デザインに豊かな表情と視覚的な楽しさを加えてくれます。特に、元気な印象や多様性を表現するのにぴったりで、生き生きとした印象を与えます。ただし、多くの色を使いすぎると視覚的にごちゃごちゃしてしまうため、色のトーンを合わせてバランスをとることが重要です。

色ごとの役割をはっきりさせて特定の色をアクセントとして使うと、デザイン全体がまとまりやすくなります。

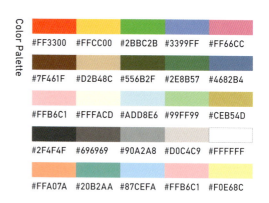

Color Palette

#FF3300	#FFCC00	#2BBC2B	#3399FF	#FF66CC
#7F461F	#D2B48C	#556B2F	#2E8B57	#4682B4
#FFB6C1	#FFFACD	#ADD8E6	#99FF99	#CEB54D
#2F4F4F	#696969	#90A2A8	#D0C4C9	#FFFFFF
#FFA07A	#20B2AA	#87CEFA	#FFB6C1	#F0E68C

色をくすませて多色のバランスをとった配色

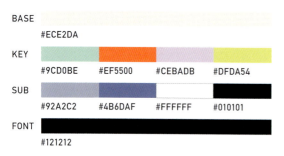

BASE #ECE2DA
KEY #9CD0BE #EF5500 #CEBADB #DFDA54
SUB #92A2C2 #4B6DAF #FFFFFF #010101
FONT #121212

獣医師・栄養士が監修するキャットフードのWebサイトでは、ベージュをベースカラーに、青やオレンジ、黄色、紫などカラフルな配色となっています。ビジュアル自体もカラフルなモチーフを使っており、色数が多くなっていますが、全体的に少しくすませたトーンで揃えることで、まとまりのあるデザインとなっています。

uniam（ユニアム）- 獣医師・栄養士監修ねこ専門のフレッシュフード
https://uniam.jp/

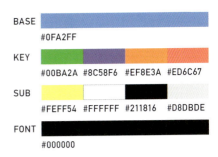

Large Diversity Songs｜L&PEACE｜フォーエル
https://foel.jp/contents/foel/promotion/peace/autumn-winter/2022/

彩度の高い色のみで配色

体型によるファッションの悩みをアーティストが歌うコラボプロジェクトのWebサイトでは、彩度の高いカラフルな配色でポップにデザインされています。アーティストの歌う応援歌の雰囲気とカジュアルなファッションを合わせて、明るく元気な印象を与えています。

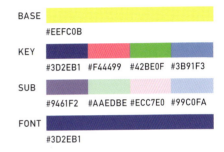

TALENT PRENEUR（タレントプレナー）
https://talent-preneur.jp/

蛍光色のビビッドな配色

才能を活かして自分の事業を起こすことを目指すこちらのスクールのWebサイトは、複数の蛍光色で配色されています。彩度が強く、明るいカラフルな配色と、ポップでキラキラとしたイラストがマッチしています。蛍光色でも少しだけくすませることで、目がチカチカしにくく読みやすいデザインとなっています。

札幌のホームページ制作・Webサイト制作｜
株式会社GEAR8
https://gggggggg.jp/

グレーをベースにバランスをとる

札幌市にある制作会社のWebサイトでは、カラフルで自由な形・レイアウトのオブジェクトで、豊富なアイデア力を表現しているようなデザインとなっています。原色に近い色から中間の淡い色まで、多数の色がさまざまな形であしらわれていますが、ベースカラーの薄いグレーと、広くとられた余白とのバランスで統一感を出しています。

COLOR TONE

04 トーンを活用した配色

トーンとは、色の明度と彩度の組み合わせによる「色の調子」を指します。主に色の明度と彩度で印象が決まり、明度と彩度が高い色は「明るいトーン」「派手なトーン」、明度と彩度が低い色は「暗いトーン」「重たいトーン」、中間の色は「地味なトーン」などと分類されます。

トーンを適切に使うことで、視覚的なバランスや一貫性を保ち、特定の感情やテーマを伝える効果を高めることができます。

Color Palette

#F44B2F　#F4EF45　#3366FF
#2F4F4F　#1C1A63　#601C66
#9E7B70　#899979　#A5976F
#91ACB7　#D1CAC1　#B7B7E5
#A7D2F9　#FFD1DC　#E0FFE0

彩度と明度が低い、落ち着きのあるトーン

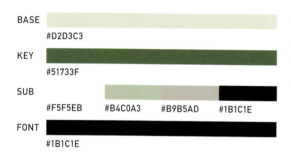

BASE　#D2D3C3
KEY　#51733F
SUB　#F5F5EB　#B4C0A3　#B9B5AD　#1B1C1E
FONT　#1B1C1E

デザインディレクター、UI/UXコンサルタント、メンターとして活動するクリエイターのポートフォリオサイトでは、彩度と明度が低めのグリーンで配色されています。落ち着きのある大人な印象で、硬く誠実な印象を与えるトーンでまとめられています。テクスチャの効いたシェイプをデザインに取り入れることで、洗練されたクオリティの高い印象を与えています。

Olha Uzhykova. Design Director | UI/UX Consultant | Mentor
https://olhauzhykova.com/

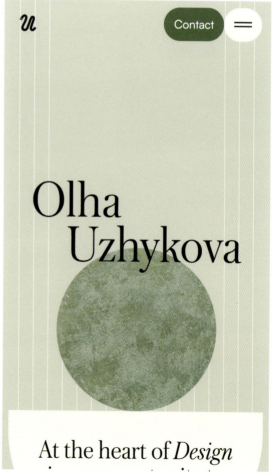

Yagi laboratory
https://www.yagi.iis.u-tokyo.ac.jp/

明度は高く、彩度が低い柔らかなトーン

電気化学プロセスの研究・開発を行なう研究室のWebサイトでは、明度が高く、彩度の低い中間色で配色されています。全体的に淡い色のため柔らかさを感じますが、彩度の低いクールな色味で統一されているため、洗練された雰囲気も表現されています。

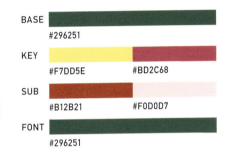

Notorious Nooch Co.
https://notoriousnooch.co/

カラフルな配色を、明るいトーンで統一

自然由来のフレーバーを使用した栄養酵母を製造・販売している企業のWebサイトでは、緑、黄、赤といったカラフルな色を使って、ブランドのユニークさを表現しています。色数が多い場合でも、明度を揃えることで統一感のあるデザインとなっています。

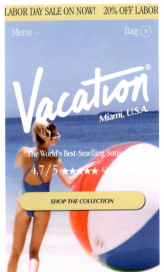

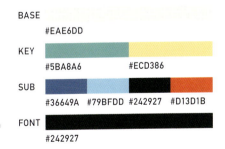

Vacation® The World's Best-Smelling Sunscreen
https://www.vacation.inc/

彩度を抑えてソフトなトーンで統一

世界で最も良い香りのする日焼け止めとして知られるサンスクリーン製品を提供するブランドのWebサイトでは、彩度が高くビビッドなビジュアルとは反対に、彩度を下げた配色で構成することでバランスをとったデザインとなっています。彩度が高くノイズがかかったような写真はレトロな雰囲気を出しており、ノスタルジックな商品イメージを表現しています。

ACCENT COLOR

アクセントカラーを活用した配色

アクセントカラーは、デザイン全体の中で特定の部分を強調するために使用される色です。視覚的な引き立て役として機能し、重要な情報や要素を際立たせます。アクセントカラーは補色を用いることで、メリハリのある配色を作ることができます。

Webサイトにおいては、「お問い合わせ」「購入」といったコンバージョンとなる要素にアクセントカラーを使うことで、ユーザーに注目させる効果を期待します。

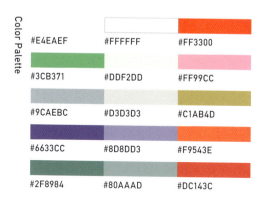

Color Palette

#E4EAEF	#FFFFFF	#FF3300
#3CB371	#DDF2DD	#FF99CC
#9CAEBC	#D3D3D3	#C1AB4D
#6633CC	#8D8DD3	#F9543E
#2F8984	#80AAAD	#DC143C

暗い色の中に明るい色で印象的に見せる

BASE #222423
KEY #C3004F
SUB #757164
FONT #222423 #757164

プラハの歴史的なオフィスビルのために設計された書体ファミリーを紹介するWebサイトでは、暗いグレー・黒の中にピンクのアクセントを入れることで、サイトを印象的に見せています。モダンで洗練された書体デザインとあわせて、大胆なレイアウトとアクセントの効いた配色が特徴的なサイトとなっています。

Avantt Typeface
https://avantt.displaay.net/

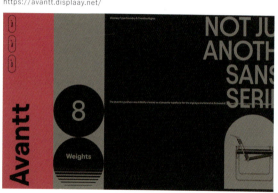

Dragonfly
https://www.dragonfly.xyz/

彩度の高い色を1色だけ混ぜて際立たせる

仮想通貨やブロックチェーン技術に特化したベンチャーキャピタル投資会社のWebサイトでは、黒の中に彩度の高いオレンジをアクセントカラーに使っています。無彩色の中に彩度の高い色が1色だけ入ることで、より目立たせることができます。サンセリフの書体とドットの書体が組み合わされた、メリハリのあるサイトとなっています。

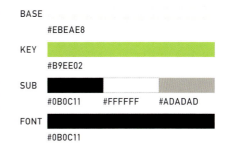

NEWFOLK
https://newfolk.jp/

蛍光色のアクセントカラーでより目立たせる

東京を拠点とするクリエイティブエージェンシーのWebサイトでは、アクセスするたびにランダムで色が変わるアクセントカラー（ここでは蛍光グリーン）の配色で、スタイリッシュなデザインとなっています。英語の使い方や、広い余白の取り方が洗練されており、装飾も色数も少ないもののページ全体の充実度が高いサイトです。

LANWAY Inc.
https://lanway.jp/

グラデーションをアクセントとして使う

Webサービスの構築やシステム開発などを行なう制作会社のWebサイトでは、オレンジのグラデーションがアクセントカラーとなっています。ロゴデザインで使われているオレンジ色の帯が、サイトの中にあしらいとして使われており、コーポレートイメージを強く印象づけています。

COLOR GRADATION
グラデーションを活用した配色

　グラデーションを活用した配色は、2色以上の色が滑らかに変化することで、視覚的な深みと動きを表現する技法です。この手法は、デザインに柔らかさや立体感を加え、自然な変化を作り出すのに有効です。

　一方で、色の組み合わせが不適切だと、不自然な見た目になったり、視認性が低下することがあります。特に、強いコントラストの色を使用する場合は、グラデーションの滑らかさに注意を払い、デザイン全体の調和を保つことが重要です。

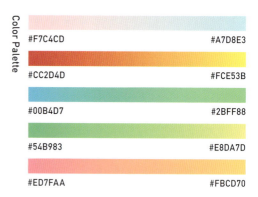

Color Palette

#F7C4CD　　　　　　　　　　　　#A7D8E3
#CC2D4D　　　　　　　　　　　　#FCE53B
#00B4D7　　　　　　　　　　　　#2BFF88
#54B983　　　　　　　　　　　　#E8DA7D
#ED7FAA　　　　　　　　　　　　#FBCD70

色相の異なる多色のグラデーション

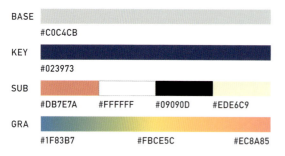

BASE　#C0C4CB
KEY　#023973
SUB　#DB7E7A　#FFFFFF　#09090D　#EDE6C9
GRA　#1F83B7　#FBCE5C　#EC8A85

顧客のライフスタイルに合わせたサービスを提供するマーケティング会社のWebサイトでは、青、黄色、ピンクの色相が異なる3色を使ったグラデーションが使われています。色が混ざる部分にグレーを入れたり、中間色も細かく設定したりすることで、色相の異なる多色のグラデーションでも色が濁らず、柔らかで明るい印象のデザインを表現しています。

Renxa Recruit Site | Renxa株式会社 採用サイト
https://recruit.renxa.co.jp/

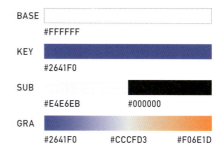

情報科学芸術大学院大学 [IAMAS]
https://www.iamas.ac.jp/

補色を使ったグラデーション

科学的知性と芸術的感性の融合を目指した学術の理論及び応用を研究している大学院大学のWebサイトでは、青と橙の補色関係を使用したグラデーションが使われています。間にグレーを入れることで、青と橙が混ざることで生まれる紫を消し、クールで知的な印象の配色を作っています。

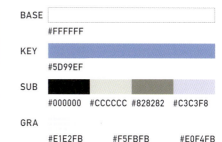

株式会社大気社 新卒採用サイト
https://www.taikisha.co.jp/recruit/

同系色のグラデーション

環境システムや塗装システムを中心に事業展開する企業のWebサイトでは、明るい青、紫のグラデーションが使用されています。淡く薄い色のグラデーションで、事業にも通ずる「空気」が表現されており、奥行き感のあるサイトデザインとなっています。

あなたのとなりの明電舎｜明電舎
https://www.meidensha.co.jp/knowledge/takingaction/anatanotonari/

複数のグラデーションパターンを使用した配色

電気にまつわる設備やシステムで人の暮らしを支えるこちらの企業のWebサイトでは、複数のグラデーションパターンが使用された配色となっています。青〜ピンクのグラデーションでも明度が異なる配色で使われていたり、サイト全体でさまざまなグラデーションを使うことで、10〜20代の若年層をターゲットに、先進的かつポップな印象を与えています。

07 ナチュラルな配色

NATURAL COLOR

ナチュラルな配色は、自然界に見られる色合いを使用して、落ち着きと調和を表現するスタイルです。黄系を明るく、青系を暗くした配色は特に「ナチュラルハーモニー」と呼ばれます。この配色は、緑、茶色、ベージュ、青など、自然の要素を思わせる色を取り入れ、リラックスした雰囲気を作り出します。特徴として、視覚的に穏やかで、インテリアやWebデザインにおいて自然な美しさを強調します。

ただし、多くの色を使用すると、かえって統一感が損なわれることがあります。

Color Palette

#556B2F #8B4513 #D2B48C
#4682B4 #99DD99 #F5DEB3
#E6B400 #BB5730 #6265AD
#663322 #C25A35 #FCF7DE
#00865A #416A47 #95A766

素材を感じさせる自然な配色

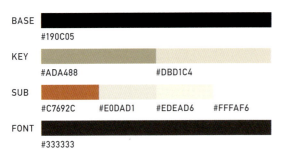

BASE #190C05
KEY   #ADA488 #DBD1C4
SUB   #C7692C #E0DAD1 #EDEAD6 #FFFAF6
FONT #333333

愛知県名古屋市にあるバイオリン工房のWebサイトでは、バイオリンの素材の暖かさを感じさせるような自然な茶色とオレンジの配色となっています。同系色でまとまりのある色合いですが、暗い色の背景と明るい色の背景を交互に使うことでメリハリを出し、サイト全体が単調な印象にならないように、世界観が作られています。

バイオリン工房 Studio Mora Mora
https://studio-moramora.com/

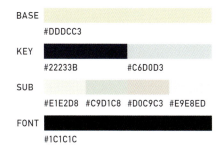

BASE #DDDCC3
KEY #22233B #C6D0D3
SUB #E1E2D8 #C9D1C8 #D0C9C3 #E9E8ED
FONT #1C1C1C

Journal du ete
https://www.eteweb.com/journalduete/

人肌に馴染む柔らかな配色

ジュエリーブランドが提供する女性向けのWebマガジンのサイトでは、柔らかな人肌を感じさせるようなナチュラルな配色が特徴的です。メディアサイトとして文章が読みやすくなるように明度のコントラストはしっかり出したうえで、くすんだアースカラーを複数使うことで柔らかな雰囲気を出しています。

BASE #F0F0E9
KEY #000000 #9AB9D9
FONT #000000

BAKE INC.
https://bake-jp.com/

お菓子を引き立てるための落ち着きのある配色

お菓子の製造・販売を行なっているこちらの企業のWebサイトでは、商品である焼き菓子を引き立たせるように、彩度が低い配色で構成されています。ベースカラーは無彩色ではなく少し茶色を混ぜたようなあたたかさを入れることで、食べ物を引き立てています。

BASE #FFFFFF
KEY #3F3028 #206978
SUB #F7EBE1 #725A4B
FONT #403128

セイケンリノベーション株式会社コモド｜東信州の住宅・商店のリノベーションは小諸のコモド
https://sr-comodo.com/

心地の良い自然な配色

こちらのリフォーム・リノベーション会社のWebサイトでは、『生活するのに疲れてしまうようなデザインではなく、安穏な暮らしを送れる空間』というモットーに合うような柔らかな配色となっています。少しくすんだキーカラーと、淡いベースカラーであたたかさを表現しています。

CHAPTER 2　配色の基本的な手法　049

08 UNNATURAL COLOR
人工的な配色

ナチュラルな配色は自然界の調和した色合いを用いるのに対して、都会的なイメージやインパクトのあるイメージを伝えたいときは、自然界にはない、人工的な色で組み合わせた配色を行なうこともあります。

色相環で離れた複数の色を組み合わせることで視覚的な興奮や動きを表現すると、対照的な色が組み合わさることで視覚的な興味を引き、ダイナミックな印象を与えることができます。青系の明度を高く、黄系の明度を低くする「コンプレックスハーモニー」と呼ばれる手法もよく使われます。

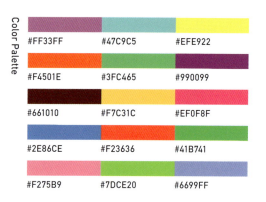

Color Palette

#FF33FF	#47C9C5	#EFE922
#F4501E	#3FC465	#990099
#661010	#F7C31C	#EF0F8F
#2E86CE	#F23636	#41B741
#F275B9	#7DCE20	#6699FF

補色の組み合わせでダイナミックな配色

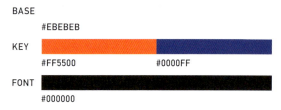

BASE #EBEBEB
KEY #FF5500 / #0000FF
FONT #000000

こちらの記念イベントの告知Webサイトでは、オレンジと青という色相が真逆の補色を使って、大胆でダイナミックなデザインとなっています。サイト全体が、ファッション、ミュージック、デザインに興味を持つユーザーに向けて、視覚的に魅力的でインスピレーションを与える内容で構成されています。

LIBERATE 2nd Year Anniversary | We Are Neighbors
https://liberate-group.com/2ndyear/

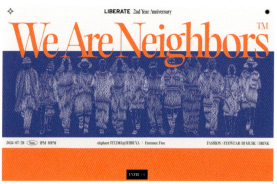

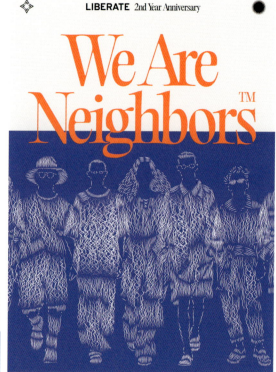

Howdy Design Family
https://www.howdy.gr/

KEY	#131315			
KEY	#29613E	#8295DC	#131313	#A07FD0
SUB	#CB030F	#E7B5D0	#E1BB50	#A2A4A0
FONT	#131313		#FFFFFF	

多様な色使いでクリエイティブの幅広さを表現

アテネを拠点とするブランディング・デザイン会社のWebサイトでは、彩度を抑えたカラフルな配色が特徴的です。パッケージデザインや印刷物などの幅広いクリエイティブを表現するために、サイト内で複数の色が使われています。彩度を抑えることで統一感を持たせつつ、多様な色使いで視覚的な興味を引き付けています。

株式会社Gaudiy｜ファンと共に、時代を進める。
https://gaudiy.com/

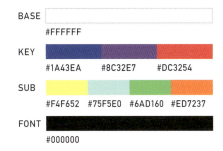

BASE	#FFFFFF		
KEY	#1A43EA	#8C32E7	#DC3254
SUB	#F4F652	#75F5E0	#6AD160	#ED7237
FONT	#000000			

彩度の高いカラフルな配色で遊び心を表現

ブロックチェーンや生成AIなどの最新技術を活用するWeb3スタートアップ企業のWebサイトでは、彩度が高いカラフルな色で配色を作っています。遊び心を感じさせ、エンターテインメントコンテンツの価値を高めることを目指している企業の世界観を表現しています。

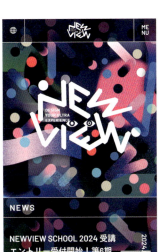

NEWVIEW
https://newview.design/

BASE	#030627			
KEY	#E20254		#2456A4	
SUB	#DEEE4D	#2D6988	#FFFFFF	#F09DBC
FONT	#FFFFFF			

人工的な配色で、デジタル文化を表現

ファッション、音楽、映像、グラフィックなど、現代のカルチャーを体現するクリエイターによる実験的XRプロジェクトのWebサイトでは、彩度の高いピンクと青を使った人工的な配色となっています。ビビッドな配色と、ランダムな図形を使ったデザインが、現代的なデジタル文化を表現しています。

COLOR CONTRAST
コントラストを活かした配色

コントラストを活かした配色は、色の明度や彩度の違いを利用して、視覚的に強い対比を生む手法です。この配色は、デザインにおいて重要な要素やメッセージを強調し、視覚的なインパクトを高める効果があります。たとえば、黒と白の組み合わせは高コントラストで、力強さと明瞭さを印象づけます。

注意点としては、過度のコントラストが目に負担をかける可能性があるため、適切なバランスを保つことが重要です。適度に使用することで、効果的な情報伝達と視覚的な引き締めを実現できます。

Color Palette

#FFFFFF　#D3D3D3　#000000
#EFEDED　#870E0E　#EF2039
#F5F5DC　#556B2F　#2F4F4F
#4E9DDD　#0E3854　#B3D7FF
#EA4934　#BDB76B　#2F4F4F

無彩色の中に蛍光色を入れて目立たせる

BASE #989593
KEY #EBFF00
FONT #4B4948

天然クレイを使用した保水ミネラルシャンプーのWebサイトでは、低彩度と高彩度のコントラストを効かせた配色となっています。商品の素材である天然クレイを表現したグレーの中に蛍光イエローを入れることで、シンプルな商品パッケージでも強い印象を残すことができます。

【公式】CLEND（クレンド）
https://clend.jp/

パシフィックリーグマーケティング株式会社（PLM）
https://www.pacificleague.jp/

BASE #FFFFFF
KEY #2254AE
FONT #2254AE / #FFFFFF

中間色を使わずに、力強い印象を与える

プロ野球パ・リーグ6球団の共同出資会社のコーポレートサイトでは、グレーなどの中間色を使わずに白と青の2色でコントラストを活かした配色となっています。太く縦長の欧文フォントや、全体的に大きめのサイズでデザインされており、力強いスポーティなデザインとなっています。

君ニ問フ
https://kiminitou.com/

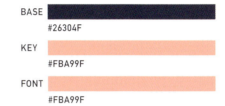

BASE #26304F
KEY #FBA99F
FONT #FBA99F

明度のコントラストを活かした配色

音楽、アート、社会問題をテーマにしたスローメディアプラットフォームでは、明度の低いネイビーと、明度の高いピンクでコントラストを活かした配色となっています。明度のコントラストを高めることで文字も読みやすく、また落ち着きのあるネイビーが知的な印象も与えます。

こめやかたの杵つき男もち女もち
https://komeyakata.com/

BASE #FFFFFF
KEY #EA3323
FONT #000000

最も高コントラストな配色でインパクトを出す

山形県村山市の米を用いた餅を販売しているオンラインショップでは、白・赤・黒という明度、彩度ともにコントラストが最も強く、インパクトのある配色となっています。筆で書いたような手書きのフォントや、画面全体に使われた写真など、配色だけでなくサイト全体で強いインパクトを与える、大胆な印象のサイトです。

10 MONOTONE
モノトーン配色

モノトーンの配色は、白、黒、グレーなどの無彩色を中心に使用する配色スタイルです。特徴として、シンプルで洗練された印象を与え、クリーンでプロフェッショナルなデザインに適しています。この配色は視覚的なノイズを最小限に抑え、重要な要素やメッセージを際立たせる効果があります。

また、モノトーンは時代を問わずスタイリッシュな印象を与えるため、長期間にわたって視覚的な魅力を保ちやすいのも利点です。ただし、単調になりがちなため、適切な濃淡のバランスを取ることが重要です。

Color Palette

#383838	#777777	#FFFFFF
#E2E2E2	#C4C4C4	#000000
#B2B2B2	#6D6D6D	#444444
#000000	#494949	#1E1E1E
#FFFFFF	#EAEAEA	#E0E0E0

グラデーションで立体感を出す

BASE #FAFAFA
SUB #0F0F0F #FFFFFF #C8C8C8 #E3E3E3
FONT #0F0F0F

地域のアイデンティティや文化をテーマに、街やコミュニティの独自性を探求し、紹介するオンラインプラットフォームでは、無彩色だけで配色されたシンプルなデザインとなっています。背景でグレーのグラデーションを使った立体的なモチーフをあしらうことで、奥行きのある印象的なデザインを作っています。

IDENTITY Inc. | D2C・DX・新規事業、マーケティング戦略の設計から運用まで支援
https://identity.city/

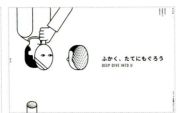

BASE #FFFFFF
SUB #000000
FONT #000000

五感拡張型クリエイティブ制作室
「TATELab.(たてラボ)」
https://tate-lab.com/

白と黒のみのイラストでポップな表現

アートやデザインに関するさまざまな活動や展示が紹介されているWebサイトでは、白と黒の2色のみの配色に、イラストが印象的に使われています。スクロールアニメーションを利用したイラストの組み合わせで、シンプルなデザインでもユーザーに飽きさせない工夫がされています。

BASE #FFFFFF
SUB #BCC3C6　#3E4443　#CCCCCC
FONT #3E4443

Angelica Michelle
https://angelica-michelle.com/

無彩色の中でビジュアルの色を目立たせる

全国主要都市に店舗を持つアイラッシュ・ネイルサロンのWebサイトでは、写真の背景もグレーで統一させた無彩色の印象が強いデザインとなっています。サイト内では無彩色のみを使うことで、ネイルデザインなどのビジュアルを引き立てます。

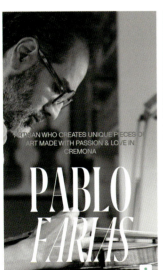

BASE #000000
SUB #FFFFFF　#DEDEDE
FONT #FFFFFF　#000000

Pablo Farias
https://www.fariasviolins.com/

モノクロ写真でクールにまとめる

アートと自然が融合した感覚的な体験を提供するプロジェクトのWebサイトでは、写真もすべてモノクロでスタイリッシュな印象のデザインとなっています。モノクロの配色でも、自由な写真のレイアウトや動きを入れることで洗練された印象を与えています。

WARM COLOR
暖色系の配色

暖色系の配色は、赤、オレンジ、黄色などの色を中心に構成され、温かみとエネルギーを感じさせる特徴があります。これらの色は、感情的に活力を与え、親しみやすさや幸福感を伝えるのに適しています。また、視覚的に前面に出やすく、注目を引く効果があるため、デザインの中で強調したい要素に使用されることが多いです。

ただし、過度に使用すると視覚的に重たく感じることがあるため、バランスを保つことが重要です。

Color Palette

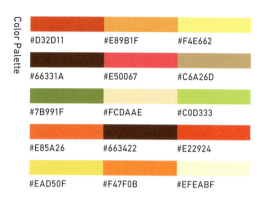

#D32D11　#E89B1F　#F4E662
#66331A　#E50067　#C6A26D
#7B991F　#FCDAAE　#C0D333
#E85A26　#663422　#E22924
#EAD50F　#F47F0B　#EFEABF

濃い暖色を複数組み合わせた配色

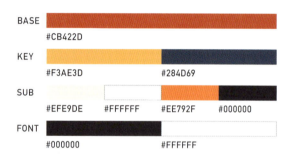

BASE #CB422D
KEY #F3AE3D　#284D69
SUB #EFE9DE　#FFFFFF　#EE792F　#000000
FONT #000000　#FFFFFF

主に中国の消費者をターゲットにしたブランド戦略やマーケティングを行なうコーポレートのWebサイトでは、ターゲットである中国のイメージカラーである赤と黄をメインとした配色となっています。背景色の赤は強い印象を与えますが、トーンを少し落とすことで刺激的になりすぎない、程よい温かみのバランスを保っています。

CIRCUS Shanghai｜中国市場専門の広告代理店・販売代理店
https://china.circus-inc.com/

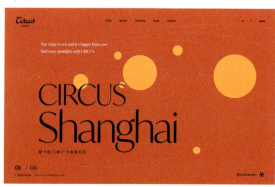
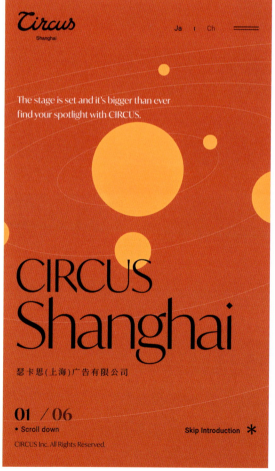

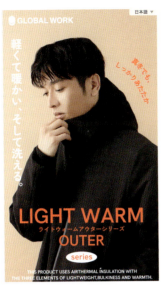

軽くて暖かい、そして洗える。ライトウォームアウターシリーズ｜グローバルワーク（GLOBAL WORK）
https://www.globalwork.jp/men/2023aw_lightwarm_outerseries/

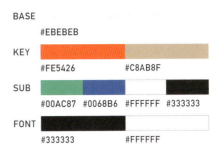

BASE	#EBEBEB			
KEY	#FE5426	#C8AB8F		
SUB	#00AC87	#0068B6	#FFFFFF	#333333
FONT	#333333	#FFFFFF		

暖色でその名の通りの暖かさを表現

軽くて暖かい、そして洗える便利なアウターのWebサイトでは、暖かさを伝えるためにオレンジとベージュのキーカラーで配色されています。サイト内で使われている色と、商品の色を合わせることで全体的に統一感があり、商品の特徴をしっかりとデザインに落とし込んだサイトです。

長崎県大村市の皮膚科・小児皮膚科・美容皮膚科【上田皮膚科】
https://uedahifuka.com/

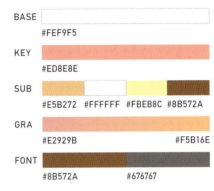

BASE	#FEF9F5			
KEY	#ED8E8E			
SUB	#E5B272	#FFFFFF	#FBEB8C	#8B572A
GRA	#E2929B			#F5B16E
FONT	#8B572A	#676767		

グラデーションで柔らかな温もりを表現

長崎県にある美容皮膚科のWebサイトでは、暖色のグラデーションが使われた柔らかな印象の配色となっています。全体的に丸みを帯びた図形やフォント遣いで、美容医療初心者に対しても優しい印象を与えます。

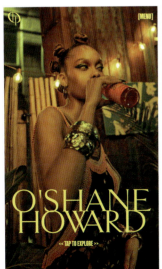

O'shane Howard
https://www.oshanehoward.com/

BASE	#FDED05
SUB	#000000
FONT	#FDED05

ビジュアルのトーンを暖色にして統一感を出す

トロントを拠点とする写真家・映像作家のポートフォリオサイトでは、鮮やかで目を引く黄色をベースに、温かみのある色味の写真で全体的に暖色でまとまった配色となっています。サイトで使う色だけでなく、写真のトーンも温かみのある色味に合わせることで、情熱的なアート作品をサイト全体で強調させています。

COOL COLOR
寒色系の配色

寒色系の配色は、青、緑、紫などの色を中心に構成され、冷静さ、清潔感、安らぎを感じさせる特徴があります。これらの色は、落ち着いた印象を与え、視覚的に後退するため、背景や控えめな要素に適しています。

また、クールで洗練された印象を与えるため、プロフェッショナルなデザインやデジタル製品のインターフェースによく使用されます。

ただし、過度に使用すると冷たく無機質な印象になることがあるため、暖色とのバランスを考慮することが重要です。

Color Palette

#1C2B60	#5D1491	#624C9A
#6EC6D1	#0099CC	#232A9E
#C9C8BD	#729A97	#D5DAC0
#C3D7DB	#213E68	#33CCCC
#49C9B4	#5F8E7C	#655883

海を連想させる青で世界観を作る

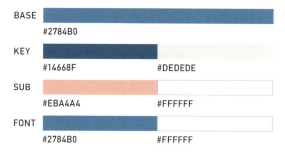

BASE #2784B0
KEY #14668F / #DEDEDE
SUB #EBA4A4 / #FFFFFF
FONT #2784B0 / #FFFFFF

にがりを使ったライフケアブランドのWebサイトでは、製品で使われている青をそのままサイトでも使った配色となっています。落ち着きのある青と薄いグレーの組み合わせでクールな配色ですが、波をモチーフとした曲線やロゴマークが柔らかな印象を与えてバランスを取り、商品イメージを表現しています。

umiral（ウミラル）：にがり浴でここち良く
https://umiral.jp/

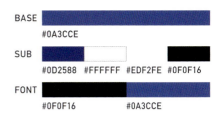

Magma
https://thisismagma.com/

彩度の高い青で先進的なイメージを表現

ブランディング、Webデザイン、映像制作などを行なう制作会社のWebサイトでは、コントラストの効いた青系の寒色で、洗練された印象を与える配色となっています。彩度の高い青は先進的なデジタル感を表現しており、クリエイティブのイメージを作り上げています。

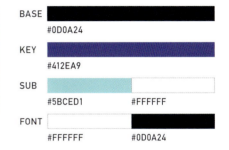

groxi株式会社採用サイト
https://recruit.groxi.jp/

色相の異なる寒色で個性を出す

主にネットワークの設計・構築・保守・運用に関するサービスを提供するIT企業の採用サイトでは、青紫をメインとした寒色で配色されています。印象的なイラストは個性豊かなメンバーを表現しており、ITの堅く真面目な印象を変えるような、強い世界観をサイト全体で表現しています。

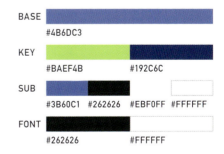

新卒採用サイト｜INTLOOOP株式会社
https://www.intloop.com/recruit/grad/

寒色の中にアクセントを入れて目立たせる

ITコンサルティングや人材支援などを行なうコーポレートの採用サイトでは、青系のグラデーションカラーの中に彩度の高いアクセントカラーを使うことで、サイトにメリハリを持たせたデザインとなっています。グラデーションの中にも明るい光を感じるモチーフが入れられており、寒色のクールで無機質な印象とバランスを取って親しみやすさを与えます。

CORPORATE COLOR
コーポレートカラーを活かす配色 ①

ブランドの一貫性と認知度を高めるためには、コーポレートカラーを活かす配色を考えることが重要です。

赤は「情熱」、青は「誠実」、黄色は「元気」、緑は「優しい」といった各色の持つイメージと、企業の理念や事業内容などを合わせることで、ユーザーがブランドに対して持つ印象を強化し、長期的な認知度の向上などに繋げることができます。

Color Palette

#FBF7EB	#F20633	#423035
#000000	#D6D4D4	#FF9B00
#BCAD9C	#40BBCC	#324861
#F2F2F2	#0487D9	#3A208E
#F2E204	#D6D8A2	#C1D1F2

食欲増進効果のある暖色を、飲食業で活かす

BASE #FAF1E6
KEY #EB612A
SUB #000000 #FFFFFF
FONT #000000 #FFFFFF

飲食店やエンターテインメント施設の運営、コンサルティング、ブランド開発などを手掛ける会社のWebサイトでは、「楽しい」印象を持つオレンジをメインに使った配色となっています。赤、オレンジ、黄色などの暖色系は食欲をそそる色として神経を刺激するため、飲食業という印象を与えつつ、サイト全体で明るく楽しいデザインを作っています。

5IVE GROUP | "楽しい"でつながる世界をつくる飲食カンパニー
株式会社ファイブグループ
https://five-group.co.jp/

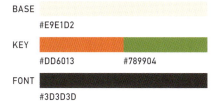

Kanak Naturals | Sustainable Packaging & Products
https://www.kanaknaturals.com/

ナチュラルな配色で、天然成分のこだわりを表現

環境に配慮し、エコな素材を使用したパッケージを販売するWebサイトでは、自然由来の製品に合うようにナチュラルな配色となっています。温かみのあるベージュとオレンジに、少しくすんだ緑が安心感のある暖かい配色で、天然の成分にこだわる企業の印象を強く与えています。

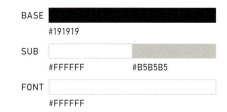

Bienvenido a Sede Blockchain
https://sedeblockchain.com/

モノクロの配色で、洗練された企業イメージを作る

アプリケーションやデジタル資産管理のサポートなどを行なう企業のWebサイトでは、モノクロの配色でクールなデザインとなっています。シンプルで無機質な配色が、先進的なデジタル感を表現し、洗練された企業イメージを表現しています。

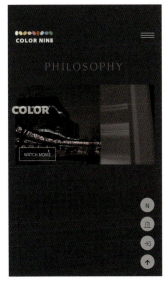

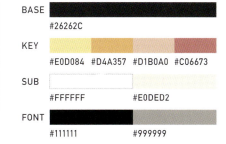

Color Nine Oriental Medical Clinic
http://colornine.co.kr/

企業名をそのまま配色に活かす

韓国にある美容クリニックのWebサイトでは、クリニック名にもある9つの色をアクセントとして使った配色となっています。ベースカラーは無彩色でまとめることで9つの色を引き立て、ブランドの認知を効果的に高めています。

CORPORATE COLOR

コーポレートカラーを活かす配色②

コーポレートカラーを活かす配色では、企業の名前や拠点、取り扱う製品からも色のイメージと合わせて考えることができます。

彩度の低いトーンで落ち着きのある大人が集まる観光地を表現したり、明るい色を複数組み合わせることで家族の集まる賑やかな場所を表現したりと、企業の雰囲気やサービス内容に合わせたコーポレートカラーを考えることが重要です。

Color Palette

#D6D9D2	#403222	#BFA19F
#394249	#D9BCA3	#A66658
#D8E6D8	#86877F	#505931
#F2E399	#D9415D	#F26444
#80C03D	#EA3B44	#F2B705

地域の印象に合った配色

BASE #EFEFEF
SUB #1B1B1B
FONT #1B1B1B #FFFFFF

軽井沢で別荘・注文住宅を手がけるこちらの建築事務所のWebサイトでは、暗く霧がかったような写真と無彩色の組み合わせで、自然豊かな軽井沢の空気感を表現しています。写真のトーンを低明度かつ低彩度な色味で統一させることで、余裕があるターゲット層に合わせたブランドイメージを、サイト全体で感じさせます。

軽井沢の建築事務所 one it｜別荘・住宅の建築設計・施工、リフォーム
https://oneit.co.jp/

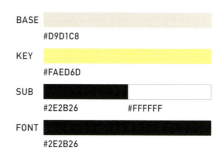

The Happy Few
https://www.thehappyfew.agency/

黄色で多幸感の印象を与える配色

ブランディングやWeb開発、デジタルマーケティングなどのサービスを提供する企業のWebサイトでは、企業名に「Happy」が入っており、配色も黄色を使った多幸感溢れるデザインとなっています。明るく幸せなイメージを持つ黄色に加えて、笑顔のイラストモチーフが、よりユニークな印象を与えています。

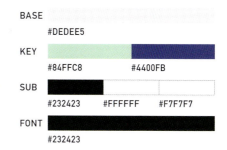

TechFlag｜ゲーム・ソフトウェア開発の自動化・効率化
https://www.tech-flag.co.jp/

彩度の高いグラデーションで先進的な印象を出す

ゲーム開発自動化やAIプロダクト開発を行なう企業のWebサイトでは、彩度の高い青系のグラデーションと、無彩色の組み合わせで先進的なIT技術の印象を与える配色となっています。背景に敷かれたグリッドや図形からも先進的なイメージを感じさせます。

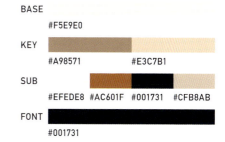

All Natural Ingredients Pet Products｜Bell & Collar
https://bellncollar.com/

柔らかな茶色で、かわいさと優しさを表現

環境に配慮した素材のペット用品を取り扱う会社のWebサイトでは、柔らかなトーンの茶色と丸みのある図形を使い、ペットのかわいらしさを表現しています。茶色はペットの毛の色のような自然な色味で、また、淡く優しいナチュラルな配色のため環境に配慮していることも印象づけています。

Adobe Colorを使った配色作成

　Adobe Colorは、配色を決める際に便利なオンラインツールです［図1］。初心者でも簡単に調和の取れた配色が作れる点が魅力で、カラーホイールの「カラーハーモニー」を使って補色や類似色、トライアドなど、バランスを考えた色の組み合わせをすぐに作成できます。「補色」は目立たせたいCTAボタンや重要な情報を強調するのに適しており、「類似色」は統一感のある落ち着いたデザインに最適です。○をドラッグすることで、色相を移動できます［図2］。

　また、Adobe Colorには画像から色を抽出し、ブランドやテーマに合ったカラーパレットを生成する機能もあります。これにより、商品画像やロゴを基にWebサイト全体の色合いを統一することができます［図3］。

　アクセシビリティ対応のコントラストチェッカーを使うことで、文字と背景のコントラスト比を簡単に確認できます。WCAG（Web Content Accessibility Guidelines）基準を満たす配色を作り、視覚に不安のあるユーザーにも配慮したデザインの作成も可能です。特に色覚障害や視力が低下しているユーザー向けのデザインでは、この機能が役立ちます［図4］。

　また、Adobe Colorで作成したカラーパレットはAdobe Creative Cloudを通じて他のAdobe製品（PhotoshopやIllustratorなど）と簡単に連携でき、デザイン作業がスムーズになります。パレットは保存や共有もできるので、チームでの共同作業や複数のプロジェクトで統一感を持たせたいときにも便利です。さらに、最新のデザイントレンドを反映したカラーパレットを参照できる機能もあり、初心者でも流行を取り入れた配色がしやすくなっています。Adobe Colorは、配色選びからアクセシビリティの確認、トレンドの取り入れまで、Webデザインにおいて多くの場面で活用できるツールです。

［図1］Adobe Color

https://color.adobe.com/ja/create/color-wheel

［図2］カラーホイールで補色を作成

「カラーハーモニー」で「補色」を選択する

［図3］アップロードした画像からカラーテーマを抽出

［図4］アクセシビリティツールでコントラスト比を確認

CHAPTER

3

イメージ別の配色例

Webサイトの配色を決める際、
そのWebサイトでどのようなイメージを訴求したいかを
考える必要があります。
そして、そのイメージを表現するには
どのような色使いが適切かを導き出します。
ここではイメージ別にWebサイトを分類し、
それぞれのイメージを表現する上で
配色がどのように工夫されているかを解説していきます。

01 POP
ポップ

ポップなWebサイトの配色は、明るく鮮やかな色を採用することで、元気で活気のある印象を与えています。彩度の高いキーカラーや補色関係を効果的に活用し、異なる色同士を組み合わせることで、視覚的なメリハリを持たせながら全体の統一感を保っています。

このような色彩設計は、自然にユーザーの視線を誘導し、重要な情報や要素を強調する役割を果たします。

結果として、親しみやすさと楽しさを感じさせる、活気あふれるデザインを実現しています。

Color Palette

#D45B41	#FF7B37	#F5C237
#22977B	#1CA8CC	#7D62A8
#E68298	#DF7171	#E3A962
#AFD265	#5BBDBA	#5695C1
#E06079	#F6DE51	#4EBFD4

高彩度カラーで表現された明るく元気な世界観

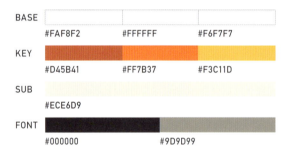

BASE #FAF8F2 #FFFFFF #F6F7F7
KEY   #D45B41 #FF7B37 #F3C11D
SUB   #ECE6D9
FONT #000000 #9D9D99

いろんな診療をスマホひとつで受診できるオンライン診療サービスのWebサイトは、元気で親しみやすい配色が特徴です。彩度の高いキーカラーをセクションごとに使い分け、明るくポジティブな印象を与えています。また、視覚的に情報を整理し、目立たせたい箇所へ視線を効果的に誘導します。ベースカラーとコントラストの強いフォントカラーを組み合わせることで、文字が読みやすく、情報がしっかりと伝わるデザインとなっています。

Oops（ウープス）-いろんな診療、ぜんぶオンラインで-
https://oops-jp.com/

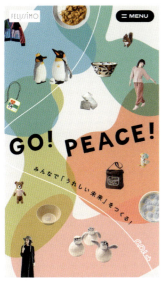

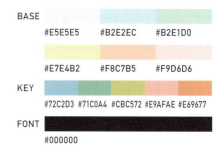

GO!PEACE！｜フェリシモ
https://www.felissimo.co.jp/gopeace/

柔らかいパステルカラーの優しい配色

通販会社の手がけるうれしい未来をつくるプロジェクトの2023年版のWebサイトは、柔らかいパステルカラーと曲線を使用した、優しい雰囲気のデザインが特徴です。淡い色のベースカラーとキーカラーがスクロールに合わせて動き、視覚的な楽しさやメッセージ性を感じさせます。また、画像やイラストが効果的に配置され、視覚的な興味を引くとともに、親しみやすくポジティブな印象を与えています。

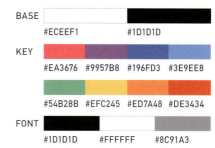

株式会社日本テレビアート｜スペースデザイン・グラフィックデザイン・Webデザイン
https://ntvart.co.jp

落ち着いたベースカラーで全体にまとまりを

ドラマからバラエティまでさまざまなエンターテイメントを支えてきた総合デザイン企業のWebサイトは、カラフルでポップな配色が特徴です。メインビジュアルには高彩度のカラーが多く使われていますが、色の使用範囲を限定し、淡く落ち着いたベースカラーを採用することで、全体にまとまりをもたせています。また、写真やイラストに合わせてセクションごとに背景色を設定することで、情報が整理され、サイト全体に明るく元気な印象を与えています。

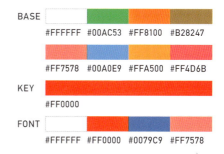

KNOT
https://knot-voice.jp/

多彩な色使いの中で際立つキーカラー

声優の新しい可能性を紡ぎ出す声優コミュニティーのWebサイトは、鮮やかでエネルギッシュな配色が特徴です。多彩な色使いでありながら、キーカラーの赤が際立ち、視覚的な刺激としてユーザーの行動を促す役割を果たしています。原色を巧みに組み合わせた配色に、心地よいインタラクションを加えることで、サイト全体に活気が生まれ、ユーザーに楽しくポジティブな印象を与えています。

STYLISH
スタイリッシュ

スタイリッシュなWebサイトの配色は、シンプルで洗練された配色が特徴です。ニュートラルなトーンのベースカラーとゆとりある余白が、サイト全体に落ち着いた印象を与え、視覚的なノイズを減らしてコンテンツへの集中を促します。また、鮮やかなキーカラーをアクセントに使用することで、サイトにメリハリを生み出し、情報伝達をスムーズに行なう役割を果たしています。

各サイトは異なる目的やターゲットを持ちながらも、共通して配色が洗練されており、一貫性を保ちながらブランドの魅力を引き立てています。

Color Palette

#D6D8D3	#AAADB8	#755662
#A5ABC1	#646C93	#FF9F12
#E6E5D2	#7A9895	#475A58
#CCCCCC	#636469	#212227
#EF747C	#3ED5AF	#9A51E5

商品のラインナップを引き立てるモダンなベースカラー

BASE #AAADB8
KEY #CE0E2D #004098 #008D3E #EB6100
#EF8EB8 #00A0D2 #19365A #000000
FONT #FFFFFF #000000

文具メーカーが独自開発したなめらかな書き味を実現するペンのWebサイトは、洗練された配色と余白を活かしたモダンなデザインが特徴です。ベースカラーのライトグレーがサイト全体に落ち着きをもたらし、中央の商品とキーカラーを効果的に引き立てています。また、左下のカラーパレットでは、商品のラインナップに合わせてキーカラーを変更でき、どの色を選んでもサイト全体のバランスが保たれる設計になっています。

FRIXION SYNERGY KNOCK | PILOT
https://pilot-frixion-synergy.jp/

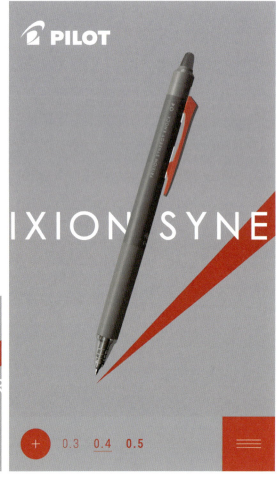

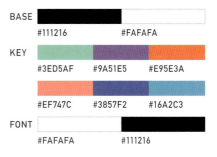

Digital Garage Tech Career - デジタルガレージ
https://tech.garage.co.jp

BASE #111216 #FAFAFA
KEY #3ED5AF #9A51E5 #E95E3A
#EF747C #3857F2 #16A2C3
FONT #FAFAFA #111216

鮮やかなキーカラーが映える色彩設計

常に新しい技術から事業のヒントを探し続けるインターネット関連企業のWebサイトは、時間経過によりグラデーションが滑らかに変化する洗練された配色が特徴です。ベースカラーの黒が全体に高級感を与え、鮮やかなキーカラーがボタンや重要なオブジェクトを際立たせ、視認性と視線誘導を効果的に実現しています。この配色により、サイト全体に統一感と上質な印象が保たれています。

株式会社freemova｜東京都渋谷区にある20代の若手人材に特化した人材紹介会社
https://freemova.com/

BASE #000000
KEY #FF9F12
FONT #FFFFFF

落ち着きのある色味の動画が演出する独特な世界観

クライアントへの人材紹介・派遣事業を推進する企業のWebサイトは、柔らかな色味の背景動画が、優しさと独特な世界観を演出しています。白のフォントにオレンジのキーカラーを組み合わせて、ユーザーの視線を効果的に誘導し、重要な情報を見逃さないよう工夫されています。彩度を抑えた落ち着いた色味の動画と、シンプルで洗練されたデザインが、企業の信頼性と専門性を視覚的に伝えています。

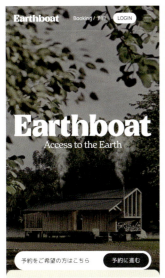

Earthboat｜地球を肌で感じる、新しいグランピング
https://earthboat.jp/

BASE #E6E5D2 #1C1D1F #FAFAF8
KEY #212227
SUB #636469
FONT #FFFFFF #212227

静かで雄大な世界を表現する彩度を抑えたアースカラー

自然を感じながらホテルのように快適な滞在を提供するトレーラーハウス型宿泊施設のWebサイトは、アースカラーを基調とした落ち着いた配色が特徴です。サイト全体が彩度を抑えたトーンで統一されており、静かで雄大な世界観を表現しています。また、コンテンツエリアごとにコントラストの強いベースカラーを設定することで、境界線が明確になり、情報がわかりやすく整理されたデザインが実現されています。

03 KAWAII
かわいい

かわいいWebサイトの配色は、華やかで明るい色使いが特徴です。柔らかいトーンや鮮やかな色合いを組み合わせることで、カラフルでありながらも調和の取れたデザインを実現しています。

「かわいい」にはさまざまなスタイルがあります。たとえば、ポップなかわいさには鮮やかな配色、大人かわいいには落ち着きのある配色、和モダンなかわいさには伝統的な色を活かしつつ柔らかさを加えるなど、ニュアンスを調整することで、それぞれの「かわいい」を表現しています。

Color Palette

#C9E7E4	#82E6DE	#F19BB0
#F6BEDD	#A2C3E7	#3889B7
#F2E8D8	#E66C8E	#56AFBE
#F7C6C7	#E46A6A	#AAE04C
#FFE6EA	#FFF3A3	#CEE5BA

夏の爽やかさとキュートな魅力を伝える色使い

BASE #5DD2EF #FFE8F0 #C9E7E4 #82E6DE #26A7D8
KEY #2C9199
SUB #26A7D8
FONT #0D6168 #E46A6A #F19BB0 #FFFFFF #4A4A4A

季節の花や植物の香りをコンセプトにしたヘアケアブランドのサマーコレクションのサイトは、明るくかわいらしい配色が特徴です。爽やかで落ち着きのあるブルーやピンク、グリーンといった夏らしい色合いが全体に使われ、商品の世界観が魅力的に表現されています。また、多色使いでありながら、統一感のあるトーンでバランスが取れています。さらに、セクションごとの色の切り替えが明確で、配色によって情報がスムーズに伝わる仕組みになっています。

BOTANIST｜フレグランスコレクション'24 アイスピーチティーの香り
https://botanistofficial.com/special/limited/summer/

pielafeur パイラフール｜パイ専門店
https://pie-lafeur.com/

BASE				
#FEAEBB	#FFE7EA	#DEECC9	#FFE1E6	
KEY				
#005F40				
SUB				
#FFFFFF				
FONT				
#504646	#005F40			

絵本の世界を再現したかわいらしい配色

童話絵本の世界をテーマにしたお菓子専門店のWebサイトは、淡いピンクやミントグリーンなど、かわいらしい配色が特徴です。親しみやすい明るいピンクに深いグリーンを合わせることで、かわいらしさの中にナチュラルで落ち着いた印象を加え、視覚的なアクセントになっています。フォントカラーには視認性を保ちつつも強すぎない上品なダークブラウンを選ぶなど、ユーザーが童話や絵本の世界観を楽しめるよう工夫されています。

しまなみブルワリー公式ブランドサイト
https://shimanami-brewery.com/

BASE				
#FFFFFF	#F0F6FA	#189BBC	#F9F9F9	
KEY				
#189BBC				
SUB				
#CCE2F0	#D7EBF2	#8A8A8A		
FONT				
#189BBC	#000000	#FFFFFF	#B0B0B0	

清涼感あふれるターコイズブルーが映える配色

日本人に合う個性豊かな商品を展開しているブルワリーのWebサイトは、爽やかで親しみやすい配色が特徴です。ベースカラーの白にポップで鮮やかなターコイズブルーを組み合わせることで、清涼感のあるかわいさが表現されています。また、サブカラーの淡いブルーやグレーが、優しい印象をプラスしています。これらの配色は、ブランドの親しみやすさと軽やかで涼しげな印象を伝え、見る人がワクワクするような魅力的な体験を提供しています。

鯛のないたい焼き屋 OYOGE
https://oyogetaiyaki.com/

BASE				
#FFFFFF	#F53C08	#E9A46C	#EEEEEE	
KEY				
#EB3300				
SUB				
#B78F00				
FONT				
#121212	#666666	#F53C08	#FFFFFF	

鮮やかな色合いで魅せるユニークな遊び心

「鯛のないたい焼き屋」をコンセプトにしたたい焼き専門店のWebサイトは、「和モダンのかわいさ」を表現しています。白と朱色の伝統的な配色が、シンプルながらも印象的なデザインを作り出しています。ベースカラーに用いられた朱色とグレーがモダンな雰囲気を演出し、サブカラーのゴールドが上品で雅なアクセントになっています。これらの配色により、ユニークで遊び心のある商品コンセプトが魅力的に伝わるデザインとなっています。

04 BEAUTIFUL AND ELEGANT
美しい・上品

美しく上品なWebサイトは、柔らかな配色と細部まで洗練されたデザインが特徴です。淡いニュートラルカラーに優雅なペールトーンを組み合わせることで、穏やかさとエレガントさが調和し、見る人に落ち着いた印象を与えています。

さらに、広めのホワイトスペースを取り入れることで、ゆとりのある雰囲気を演出し、情報整理を円滑にしています。

これらの配色により、華やかさと落ち着きを融合させ、見る人を自然と惹きつけるデザインが実現されています。

Color Palette

#ECC3A0	#EDEAE5	#AEE5EF
#D5ECE8	#BAE1EB	#F8C397
#E8E8E8	#6CCFD7	#D8B9F9
#FFDCDC	#C0F0FF	#E7D5E8
#F2E8D8	#D4B098	#94A9B4

ゴールドとニュートラルカラーが織りなす洗練美

BASE
#AEE5EF #EDEAE5 #ECC3A0

KEY
#6F665E #34302D

SUB
#C2A475

FONT
#34302D #C2A475 #FFFFFF #CABEAA

美の土台から整える"上がるドライヤー"のWebサイトは、落ち着きのある華やかな配色が特徴です。ベースカラーには淡いブルーやピンクベージュが使われ、全体にエレガントな落ち着きをもたらしています。深いグレーやチャコールブラウンをキーカラーとして全体を引き締めつつ、視線誘導を効果的に行なっています。さらに、サブカラーのゴールドがデザインに高級感をプラスし、製品の美しさと品質の高さを閲覧者に強く印象づけています。

"上がるドライヤー"リフトドライヤー｜ヤーマン公式通販サイト
https://www.ya-man.com/products/lift-dryer3/

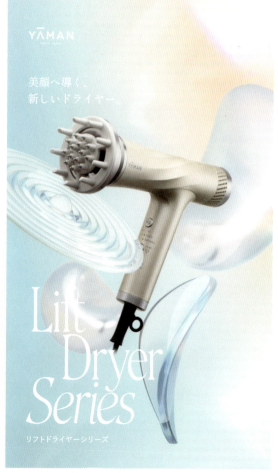

新専攻特設ページ｜神戸女学院大学 音楽学部 音楽学科
https://m.kobe-c.ac.jp/newmajor/

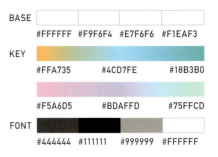

BASE				
	#FFFFFF	#F9F6F4	#E7F6F6	#F1EAF3
KEY				
	#FFA735	#4CD7FE	#18B3B0	
	#F5A6D5	#BDAFFD	#75FFCD	
FONT				
	#444444	#111111	#999999	#FFFFFF

優雅で繊細な配色の落ち着きあるデザイン

音楽で未来を切り拓く女子大学の音楽学科のWebサイトは、清らかな美しさが際立つ配色が特徴です。ベースカラーの白やペールトーンは清廉さをもたらし、女子大学としての品格を感じさせます。キーカラーの2つのグラデーションは、それぞれ専攻のテーマカラーとして用いられ、サイトの内容を視覚的に伝えています。濃いグレーのフォントカラーは視認性が高いだけでなく、全体を引き締める役割を果たしています。

Roaster
https://roaster.co.jp/

BASE			
	#F5F5F5	#B67337	#2A4C60
KEY			
	#401D00		
FONT			
	#401D00	#F9F8F6	

上品でクラシカルな美しさを際立たせる配色

紙媒体からデジタルまでを手掛ける企業のWebサイトは、配色や色面積、書体の組み合わせが調和することで美しさを引き出しています。ベースカラーの白を土台に、キーカラーとフォントカラーに温もりのある深いブラウンを使用することで、すっきりとしながらもクラシカルな美しさが感じられます。さらに、高級感のあるブロンズとモダンなネイビーが組み合わさることで、上品で洗練された印象が強調されています。

Y'sデンタルクリニック（審美治療・部分矯正・精密歯科）｜名古屋・栄・歯科
https://www.ys-dc.jp/

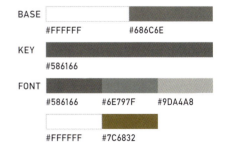

BASE			
	#FFFFFF	#686C6E	
KEY			
	#586166		
FONT			
	#586166	#6E797F	#9DA4A8
	#FFFFFF	#7C6832	

清潔感と上品さを醸し出す美しいトーン

「機能」と「審美」のどちらも疎かにしない歯科医院のWebサイトは、シンプルで上品な配色が特徴です。白とグレーのベースカラーが清潔感と信頼感を与え、キーカラーのブルーグレーが落ち着きをもたらしています。さらに、深いアンティークゴールドが加わることで、高級感がプラスされています。これらの配色は、デザイン全体を誠実な印象で統一し、医療機関にふさわしい清潔感と信頼感を上品に表現しています。

05 ELEGANT AND HIGH CLASS
エレガント・高級感

エレガントで高級感のあるWebサイトは、上品で重厚感のある配色が特徴です。モノトーンのベースカラーとゆとりのある余白が落ち着いた印象を与え、そこにレッドやディープブルーなどの深みのある色を組み合わせることで、ブランドの個性や上質さが際立ちます。

さらに、彩度や明度の強いコントラストにより視認性が向上し、重要な情報が効果的に強調されます。

これらの配色によってプロフェッショナルな印象が高まり、サイト全体にエレガントさと視覚的なインパクトをもたらしています。

Color Palette
#FBFAF6　#CE1E00　#000000
#CFC18A　#244D8C　#273548
#E7E1D3　#A5B1AE　#7E8A88
#FFFFFF　#DDDDDD　#AAAAAA
#CCCCCC　#777777　#333333

重厚感ある色彩が織りなす洗練された美しさ

BASE　#FFFFFF　#F9F7F4　#181E2C
KEY　#060725
SUB　#F5F2EF
FONT　#060725

発酵エイジングケアブランドのWebサイトは、高級感と重厚感を感じさせる配色が特徴です。ベースカラーには白を使用し、フォントカラーには知性や信頼感を象徴するディープブルーを使用することで、サイト全体に統一感と上質感を生み出しています。写真は彩度を抑えたコントラストの強い色味で重厚感を持たせ、広いホワイトスペースを活用することでコンテンツが際立ち、ゆとりある高級感を演出しています。

FAS | ファス
https://fas-jp.com/?browsing=1

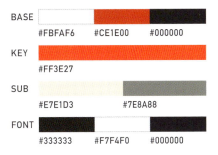

PLATE（プレート）| Food Graphic Magazine。
- NEWTOWN
https://plate.newtown.tokyo/

素材の質感を引き立てる洗練された配色

料理とお菓子のポートレートグラフィックマガジンのWebサイトは、エレガントで上質な配色のデザインが特徴です。アイボリーのベースカラーに、素材の質感を引き立てる美しい写真と、キーカラーの鮮やかなレッドが調和し、プロフェッショナルな印象を与えています。背景が白から黒に切り替わることで重厚感が増しますが、全体の上品で洗練された雰囲気は統一されています。

U - Analogue Foundation
https://analoguefoundation.com/ja/

モノトーンが醸し出すアンティークな世界観

アナログの価値を広めることを目的としたクリエイティブコレクティブのWebサイトは、黒と白のコントラストを基調にした洗練された配色のデザインが特徴です。暗いトーンの写真と彩度を抑えたベースカラーが、プロフェッショナルで格調高い印象を与えています。また、サイト全体に漂うアンティークな雰囲気が、アナログの魅力を引き立てています。

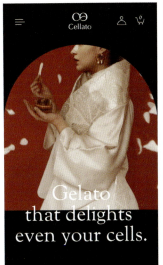

Cellato | セラート
https://cellato.tokyo/

黒と赤のコントラストで際立つ高級感

自然の恵みを贅沢に使用した日本最高級のジェラートのWebサイトは、高貴で洗練された配色のデザインです。ベースカラーに黒を採用することで、色鮮やかで繊細な商品写真が際立ち、食欲をそそる視覚効果を生み出しています。また、黒と写真の赤を組み合わせることで、視覚的に強いインパクトを与えるとともに、上品で高級感のある印象を効果的に演出しています。

06 INTEGRITY AND TRUST
誠実・信頼感

誠実・信頼感があるWebサイトは、シンプルで落ち着きのある配色が特徴です。グレーや寒色を基調とした統一感のある配色で構成され、各要素が調和するようにデザインされており、ユーザーに快適さと安心感を提供しています。

色数を抑えた配色によって情報が整理され、重要な要素が際立ち、信頼性や透明性が視覚的に伝わります。

このような色彩設計により、訪問者に好印象を与えるとともに、ブランドやサービスの誠実さと信頼感を効果的に伝えています。

Color Palette

#F4FBFF	#DDE7E9	#AABCBD
#D8E9F3	#B1D6E9	#79A1CE
#E6E6F0	#A4ABD6	#7D7FA4
#CDCFD7	#74748A	#50505E
#D18DBB	#64BBC0	#47A7D7

統一された色相が生み出す調和の取れた色彩設計

BASE　#F4FBFF　#DDE7E9　#000C12
KEY　#000C12
FONT　#000C12　#778085　#FFFFFF

東京を拠点に活動するブランド戦略コンサルティング企業のWebサイトは、クリーンで洗練された配色のデザインです。ベースカラーにはグレーや淡い寒色を採用し、フォントカラーも高コントラストな寒色を使用することで、清潔感と爽やかさを感じさせながら視認性を高めています。ベースカラーとフォントカラーが同じ色相で統一されているため、サイト全体に調和が生まれ、訪問者に快適な閲覧体験を提供しています。

H-7 HOUSE（エイチセブンハウス）
https://www.h7house.com/

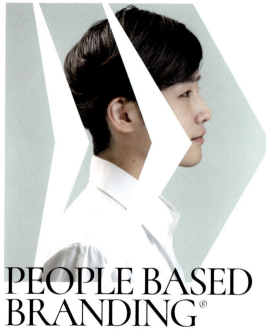

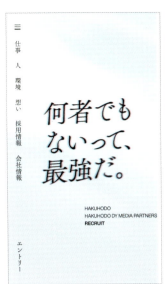

HAKUHODO & HAKUHODO DY
MEDIA PARTNERS RECRUIT
https://hakusuku.jp/recruit/

BASE #FFFFFF
KEY #000000
FONT #000000

画像の美しさが映えるミニマルな配色

広告会社の新卒採用情報ページは、ミニマルでエレガントな配色が特徴です。カラーを最小限に抑えることで、画像の美しさが際立ち、視認性が高く、情報の優先順位が明確に表現されています。ベースカラーの白に配置された光り輝く宝石の画像が、サイト全体に煌めきと透明感をもたらし、企業で働く人々の輝きを連想させます。これらの配色により、訪れた人に企業の魅力を効果的に伝えています。

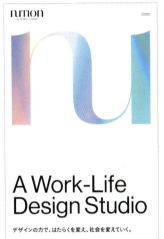

NUTION - パーソルキャリア
https://nution.persol-career.co.jp/

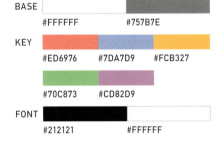

BASE #FFFFFF #757B7E
KEY #ED6976 #7DA7D9 #FCB327
#70C873 #CD82D9
FONT #212121 #FFFFFF

先進性を感じさせる洗練されたカラー設計

「はたらく」をデザインする人材サービス会社のWebサイトは、クリーンで落ち着いた配色が特徴です。ロゴアニメーションの色鮮やかさとリズミカルな動きが、企業の個性や先進性を際立たせています。無彩色をベースカラーに、セクションごとに異なるキーカラーをアクセントとして取り入れることで、統一感を保ちつつ、情報のグループ分けが明確になっています。これらの配色により、サイト全体がスッキリと洗練された印象を与えています。

渋谷区公式サイト | 渋谷区ポータル
https://www.city.shibuya.tokyo.jp/

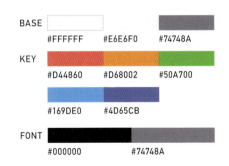

BASE #FFFFFF #E6E6F0 #74748A
KEY #D44860 #D68002 #50A700
#169DE0 #4D65CB
FONT #000000 #74748A

カラフルなアイコンが際立つシンプルなデザイン

ちがいをちからに変える街「東京都渋谷区ポータルサイト」のWebサイトは、ファーストビューにカラフルなアイコンの機能的なボタンを配置した画期的なデザインです。無彩色のベースカラーに対して、アイコンに鮮やかな色味を使用することで、ユーザーの視線を自然に機能ボタンへと誘導しています。アイコン以外を無彩色にすることで、サイト全体に落ち着きと安定感をもたらし、情報が整理された印象を与えています。

07 FRIENDLY
フレンドリー

フレンドリーなWebサイトは、ユーザーに親しみやすさや安心感を提供する配色が採用されています。多彩で鮮やかな色を巧みに取り入れることで、サイト全体にポジティブな印象を与え、活力とエネルギーを感じさせます。ボタンやリンクなどの重要な要素には鮮やかな色を使い、ユーザーの視線を自然に引きつけることで、直感的なデザインを実現しています。

鮮やかな色と温かみのある色を組み合わせることで、視覚的な刺激を抑えながら安心感を提供し、サイト全体の魅力をさらに高めています。

Color Palette

#FF2D64	#E46F3D	#EA9726
#3EAE8B	#3D99A5	#3C819C
#EEC3DB	#E38BAF	#DF6A8D
#A6D9DB	#6CB6DD	#5F7DAF
#E9E1C0	#BFB6A5	#997B60

活気と穏やかさが共存する鮮やかな色彩

BASE #FF6D02〜#FF4B56　#FFFFFF　#3B4352　#00D7A0
KEY #FF2D64　#506EE6　#00D7A0
SUB #8DD6E5　#F8BA96　#997B60
FONT #FFFFFF　#000000　#A5A5A5

「独自の価値」をブランドストーリーとして形にする福岡のブランディング会社のWebサイトは、活気と温もりを感じさせる配色が特徴です。メインビジュアルでは、水色ベースのイラストが時間経過によりカラフルな写真に切り替わり、ユーザーに新鮮で魅力的な体験を提供しています。高彩度の原色と高明度のパステルカラーを組み合わせて、活気に満ちつつも穏やかで親しみやすい印象を与えています。

モンブラン｜福岡のブランディング会社
https://monf.jp/

フェリシモの基金活動｜フェリシモ
https://www.felissimo.co.jp/gopeace/fundreport/

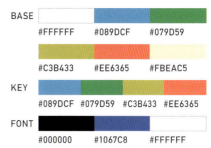

視覚的楽しさと情報整理を両立する色使い

通販会社が1990年から取り組んでいる基金活動の2023年版のWebサイトは、カラフルなイラストを用いた親しみやすい配色のデザインです。ベースカラーに白を使用することで、カラフルなイラストが引き立ち、視覚的に楽しく情報を得ることができます。さらに、セクションごとに異なる色を使用することで、情報が整理されるだけでなく、サイト全体にメリハリが生まれ、明るく活気ある印象を与えています。

株式会社キュービック キャリア採用
https://cuebic.co.jp/recruit/careers/

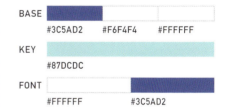

ブルーの明度の差を活かした視線誘導

デジタルメディア事業を中心に展開している企業のキャリア採用サイトは、ロゴにも使われているコーポレートカラーのブルーを基調にした統一感ある配色が特徴です。カラフルなイラストにアクション加えることで、メッセージが表示され、視覚的なインパクトを与えつつ、印象的なユーザー体験を提供しています。ブルーのベースカラーに対し、明度の高い水色がアクセントとなり、重要なコンバージョンボタンへの視線を効果的に誘導しています。

ITエンジニアを目指せる就労移行支援サービス｜
Kiracu(きらく)
https://kiracu.co.jp/

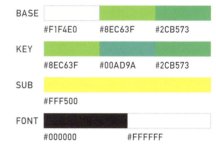

グリーン基調の配色で伝える温もりと安心感

自分らしく働き生きるための方法を身につける就労移行支援サービスのWebサイトは、緑を基調とした配色が特徴です。自然や癒しを連想させる緑の色合いが安心感を提供し、異なる緑の色調を持つキャラクターがユーザーに寄り添う印象を与えています。淡い緑のベースカラーがサイト全体に落ち着きをもたらし、セクションごとに色を使い分けることで違いが明確になり、情報が整理されて理解がより深まります。

08 NATURAL
ナチュラル

ナチュラルな印象のWebサイトは、穏やかで落ち着いた色合いが特徴です。彩度を抑えたベースカラーに、自然を感じさせる色味を組み合わせることで、柔らかく温かみのある雰囲気を作り出しています。さらに、近似色を活用することで、統一感を保ちながらも優しい印象を与えています。

このような配色とシンプルなレイアウトが調和し、ユーザーがリラックスしてコンテンツに集中できる環境を整えています。そして、ブランドやサービスの個性や信頼感を効果的に伝えるデザインが実現されています。

Color Palette

#CEA37F	#CD8646	#515D5C
#DDDCCA	#DCCD5C	#75912F
#BBAFA8	#A39187	#85756C
#F8ECDA	#E7CFB9	#D4B18F
#F5F3ED	#CCCCCC	#9D9C9C

製品の温かみと心地よさが伝わる色合い

BASE	#FCFAF4	#F7F4EC
KEY	#CB9C58	
SUB	#DFCFBF	
FONT	#554D46	

オリジナルニットブランドを展開する企業のWebサイトは、温かみのある配色が特徴です。ブラウンの毛糸を連想させる一筆書きの心地よいアニメーションが、ニットの温もりを視覚的に表現しています。ベースカラーの柔らかいベージュと、フォントカラーの落ち着いた濃いブラウンが調和することで、穏やかさの中にも品格を感じさせる配色となっています。これらの色彩設計により、企業のものづくりへの想いが効果的に伝わります。

株式会社寺田ニット｜SEAMLESS KNIT FACTORY
https://terada-knit.co.jp/

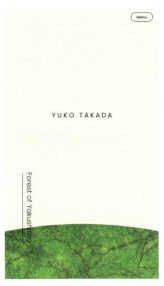

YUKO TAKADA｜高田 裕子 公式サイト
https://www.yukotakada-work.com/

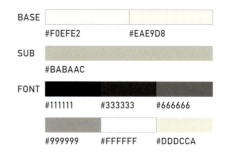

BASE		
#F0EFE2	#EAE9D8	
SUB		
#BABAAC		
FONT		
#111111	#333333	#666666
#999999	#FFFFFF	#DDDCCA

自然モチーフの作品の美しさが際立つ

屋久島のあらゆるいきものたちをモチーフに作品を描くアーティストのWebサイトは、全体をニュートラルカラーでまとめることで、作品の鮮やかな美しさが一層際立っています。ベースカラーの淡いクリーム色が落ち着いた雰囲気を演出し、濃淡のあるモノトーンのフォントカラーが全体をシックに引き締めています。シンプルでありながら、主役である作品の世界観を引き立たせる配色です。

素材へのこだわり｜IGNIS（イグニス）公式サイト
https://www.ignis.jp/contents/about/botanical/

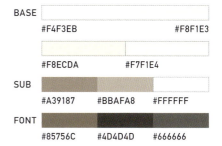

BASE		
#F4F3EB		#F8F1E3
#F8ECDA		#F7F1E4
SUB		
#A39187	#BBAFA8	#FFFFFF
FONT		
#85756C	#4D4D4D	#666666

自然素材の豊かさと温もりを引き立てる配色

スキンケア製品の自然素材とその産地を巡る企画のWebサイトは、淡く温かみのある配色が特徴です。ベースカラーのベージュやアイボリーは、温もりと豊かさを感じさせます。さらに、フォントカラーのグレイッシュブラウンは、ベースカラーが生み出す優しい雰囲気にモダンさを加え、可読性も確保されています。これらの配色は、植物の美しさと豊かさを引き立てながら、ユーザーに心地よい落ち着きをもたらしています。

植物の生命力を肌へ｜BOTANIST SKINCARE EVER
https://botanistofficial.com/special/skincare_ever/

BASE		
#F5F3ED	#FFFFFF	
SUB		
#CCCCCC		
FONT		
#707070	#9D9C9C	#333333

自然美と透明感を引き立てるナチュラルな色調

植物由来のスキンケア製品を紹介するWebサイトは、自然な美しさや透明感を引き立てるナチュラルな配色が特徴です。全体に淡いベージュのベースカラーが採用されている以外は、白やモノトーンで統一されており、サイト全体に洗練された印象を与えています。また、フォントカラーのグレーは可読性を担保しつつも淡い印象を作り出しています。自然由来の製品の魅力を際立たせ、心地さと安心感を提供しています。

09 SIMPLE
シンプル

シンプルなWebサイトは、限られた色数を用いることで、潔く洗練されたデザインを実現しています。ハイコントラストな配色は視認性を高め、スタイリッシュな印象を与えます。一方、ローコントラストの落ち着いたトーンは、繊細で柔和な雰囲気をもたらします。

このようなシンプルな配色は、視覚的なノイズを抑えつつ、機能的でありながらも洗練された印象を作り出しています。また、ユーザーが重要な情報に集中しやすくなる点も特長です。

Color Palette

#FFFFFF	#D9D9D9	#0D0D0D
#F8F7F3	#888888	#335378
#E2E5E7	#CED4D7	#A6B1B5
#EDE8E2	#DCD7CF	#CDC2B5
#E0E0E0	#BBBBBB	#707070

ハイコントラストで洗練されたモダンな印象

BASE: #FFFFFF / #F7F7F7
KEY: #000000
FONT: #000000

カルチャーとビジュアルに深く根ざした、大胆で魅力的な表現を得意とするクリエイターのポートフォリオサイトは、高コントラストのモノトーンを基調としています。#FFFFFFと#000000という16進数で再現できる最高のコントラスト比を大胆に使用することで、サイトの主役であるエッジの効いた鮮やかな作品が一層際立っています。カラーパレットは非常にシンプルでありながら、ホワイトスペースやフォント、レイアウトの洗練されたバランスによって、印象に残るWebサイトが実現しています。

Marginal Man
https://marginalman.net/

デジタルハリウッド大学
https://www.dhw.ac.jp/

BASE	#FFFFFF	#0D0D0D	#D9D9D9
KEY	#000000		
FONT	#0D0D0D	#FFFFFF	

プロフェッショナルな印象を演出するミニマルな配色

学びと実践の場を提供し、デジタルクリエイターを育成する大学のWebサイトは、ミニマルな配色で情報が自然に目に入るよう設計されています。高コントラストのモノトーンとフォントの力強さがメインビジュアルのメッセージを際立たせ、大学の理念である「学びと実践の場」を強く印象づけています。このような色彩設計により、プロフェッショナルで信頼感のある印象が与えられ、ブランドイメージを明快に伝えるデザインが実現されています。

nemuli 公式 | 横向き寝に特化したパーソナルマットレス
https://nemuli.co.jp/

BASE	#F8F7F3		
KEY	#335378		
FONT	#222222	#335378	#888888

リラックス感やまどろみを感じさせる色彩

自分に合うパーソナルマットレスを紹介するWebサイトは、安らぎを感じる配色で睡眠というテーマを効果的に表現しています。ベースカラーのアイボリーが、サイト全体に穏やかさと清潔感をもたらし、落ち着いた深い青のキーカラーが、情報の階層を明確にするとともにまどろみを感じさせます。全体として、色数を抑えたシンプルな配色がデザインに安らぎと落ち着きをもたらし、ブランドの特長を際立たせています。

安田 佑子　Yuko Yasuda
https://yasudayuko.com/

BASE	#F5F5F5	#FFFFFF
SUB	#999999	
FONT	#111111	

淡いモノトーンから感じる女性らしさ

司会や話し方講師など「声と言葉」を紡ぐ仕事をする、元TV局アナウンサーのWebサイトは、モノトーンながら女性らしさを感じさせる配色が特徴です。ベースカラーに淡いグレーを使用することで、優しさを保ちながらも、甘くなりすぎない凛とした雰囲気を演出しています。一方、フォントカラーのはっきりとした黒文字が全体を引き締め、サービスの信頼性を伝える安定感のあるデザインに仕上がっています。

10 IMPACT
インパクト

インパクトのあるWebサイトは、鮮やかな色と高コントラストの配色が特徴です。

特に赤、黄、青などの彩度の高い原色が目立つ位置に配置され、視覚的なインパクトを与えています。黒や白の無彩色と鮮やかな色を組み合わせることで、デザイン全体に力強さが生まれ、ユーザーの視線を効果的に引きつけます。

これらの配色は、重要な要素やアクションを際立たせ、サイト全体にダイナミズムとエネルギーをもたらし、訪れるユーザーに強い印象を残します。

Color Palette

#FFFFFF	#FF2800	#000000
#B6B6B6	#F3E904	#222225
#F3F3F3	#0000FF	#A9B0B0
#D2D2D2	#777777	#333333
#FF0000	#00B400	#1E28BE

キーカラーのイエローが力強く際立つ大胆な配色

BASE #FCFCFC
KEY #F3E904
SUB #B6B6B6
FONT #222225

番組ホストがゲストとじっくりと語り合うポッドキャスト番組のWebサイトは、明るく力強い配色が特徴です。番組名にもなっている稲妻のあしらいと、キーカラーのイエローが力強く際立ち、視線を効果的に誘導しています。大きなフォントと大胆なレイアウトが、エネルギッシュでダイナミックな印象を強調し、サイト全体に活気と楽しさをもたらしています。

林士平のイナズマフラッシュ - 公式サイト
https://inazumaflash.com/

ACTION！｜東映 リクルートサイト
https://www.toei.co.jp/recruit/fresh/
©石森プロ・東映

ダイナミックなキーカラーで魅せる世界観

「お互いに楽しんで、心動く出会いを。」をコンセプトに掲げた映画会社のリクルートサイトは、グレーのベースカラーにキーカラーが映える大胆な配色のデザインです。キーカラーは時間の経過とともに赤、緑、青と切り替わり、どの色でもサイト全体の世界観を維持しながら、魅力的なユーザー体験を提供しています。コントラストの強い配色と大胆なレイアウトがブランドイメージを強化し、企業の想いや情熱が伝わってきます。

Stand Foundation Co.,ltd.
https://www.standfoundation.jp/

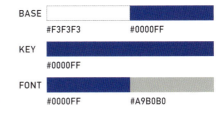

訪れるたびに新たな印象を与える大胆な配色

「本質」と「新しい」の間をデザインするクリエイティブスタジオのWebサイトは、2色のみで構成された大胆な配色が特徴です。ブルーを基調としたベースカラーとフォントカラーが、ロードする度に切り替わることで、訪れる度に新たな印象を与えます。どちらの配色の場合でもコントラストが強く、視認性の高いレイアウトがモダンさを感じさせ、訪れた人の記憶に残るインパクトのあるデザインが実現されています。

ドミセ｜おドロき専門店
https://www.ppihgroup.com/domise/

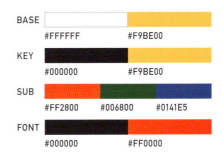

強いコントラストで目を引く色使い

総合ディスカウントストアのオリジナルの商品を集めたショップのWebサイトは、ブランドカラーの黒と黄色の明度差を活かしたデザインが特徴です。視覚的に強いコントラストがユーザーの目を引き、サイト全体にメリハリを与えています。「おどろき専門店」というコンセプト通り、大胆な配色とレイアウトがエネルギッシュな印象を生み出し、ユーザーの購買意欲を掻き立てます。

11 UNIQUE
ユニーク

　ユニークなWebサイトは、独自性のある配色と大胆な色使いが特徴です。色彩豊かなキャラクターや鮮やかな配色に、インタラクティブな要素を組み合わせることで、訪問者に強い印象を与え、わくわくする楽しい体験を提供しています。

　また、異なる色相や補色を大胆に取り入れ、コントラストを活かすことで視覚的バランスを保ちながら、テーマやメッセージを際立たせています。

　これらの配色により、ユーザーの記憶に残る個性的なデザインが実現されています。

Color Palette

#D85D3A	#FC8940	#E9DC64
#CCDC43	#62CA75	#4D82FA
#FF43AA	#FFF352	#33B0FF
#E18AB7	#91D3EB	#999999
#D9E0EE	#DA67A3	#8484BF

遊び心を感じるユニークな色使い

BASE #F8F6ED #4D82FA
KEY   #A875F8 #4DBAFA #FC8940 #D85D3A
SUB   #F5C1C8 #FF81B6 #A7AAE3 #4D82FA #62CA75 #DBF94F
FONT #000000 #FFFFFF

日本のアートやカルチャーなどに関わるプロジェクトを施行・発信するチームのWebサイトは、ユニークで遊び心のある配色が特徴です。ベースカラーの淡いクリーム色に、カラフルな羊のイラストと大きな黒い文字が際立ち、楽しくポジティブな印象が伝わってきます。「人生を遊び尽くせ」というカラフルなメッセージが、インタラクティブな要素や個性的なアニメーションを通じて表現され、訪れる人に創造的なインスピレーションを与えています。

LAMM
https://corp.lamm.tokyo/

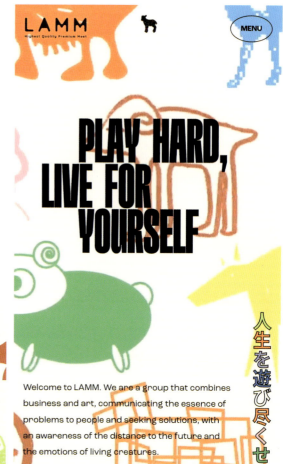

雑貨屋HAPPENING
https://happening.store/

BASE #FFF352 #33B0FF #FFFFFF #EAEAEA
KEY #FF43AA
FONT #000000 #FFFFFF

黒のコントラストが引き立たせる鮮やかな配色

驚きや意外性のあるものを中心にセレクトする雑貨屋のWebサイトは、カラフルな配色が特徴です。鮮やかなベースカラーに対して、黒のコントラストがサイト全体を引き締めながら、重要な情報を効果的に強調しています。黒で縁取られたイラストは親しみやすく、デザイン全体に統一感をもたらしています。これらの色彩設計により、訪問者に強い印象を与え、記憶に残るデザインが実現されています。

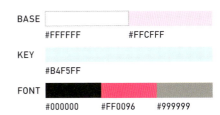

ブルーハムハム | BLUE HAMHAM Official
https://bluehamham.com/

BASE #FFFFFF #FFCFFF
KEY #B4F5FF
FONT #000000 #FF0096 #999999

キャラクターが映えるシンプルなデザイン

音楽を食べる宇宙ハムスターの4兄弟「ブルーハムハム」のオフィシャルサイトは、白い背景に鮮やかな水色のキャラクターが映える、シンプルでスタイリッシュなデザインです。色数を抑えた配色とホワイトスペースを活かしたレイアウトがサイト全体のバランスを保ち、キャラクターとコンテンツが自然に引き立つよう設計されています。遊び心とスタイリッシュさが共存し、親しみやすくユニークなユーザー体験を提供しています。

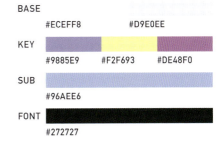

KETAKUMA Official | けたくま公式
https://ketakuma.com/
©takadabear

BASE #ECEFF8 #D9E0EE
KEY #9885E9 #F2F693 #DE48F0
SUB #96AEE6
FONT #272727

鮮やかな配色で表現する独特な世界観

けたたましく動くクマ、略して「けたくま」のオフィシャルサイトは、鮮やかな配色と独特な世界観が特徴です。キーカラーの紫、黄色、ピンクの組み合わせは、色相環で均等に間隔を置いた「トライアド配色」を用いており、視覚的にバランスの取れたデザインを実現しています。さらに、カラフルなイラストにはインタラクティブな仕掛けが多数施されており、操作することで訪れた人に楽しい体験を提供しています。

CHAPTER 3　イメージ別の配色例

12 PASTEL
パステル

パステル調のWebサイトは、明るく柔らかな配色が特徴です。優しく落ち着きのあるパステルカラーを使用することで、穏やかで親しみやすい雰囲気が生まれています。

ベースカラーには明るいトーンが採用され、フォントカラーにはパステルカラーと調和するグレーなどの色を組み合わせることで、サイト全体に統一感を持たせ、柔らかさが一層引き立っています。

これらの配色は、視覚的に優しい雰囲気を作り出し、ブランドの魅力を自然に引き立てる効果があります。

Color Palette

#EBA9A9	#F9C14E	#F5EB63
#A8D17D	#63C0B2	#E098C1
#E18A93	#F1DF5E	#6FB7D1
#FBDCE1	#F9E7C2	#FCF3D0
#D4E4AA	#BEE3EF	#F3DCEA

柔らかな色彩で表現する多様性と共生のビジョン

BASE #FFFFFF #4BB2F8
KEY #4BB2F8
SUB #F1C6CB #F5EF87 #B1E5FD #DDEBBB #FFD79C #B1BAE7
FONT #141414 #42A9F1 #FFFFFF

チームワークを基盤にした社会実験を紹介するWebサイトは、パステルカラーの柔らかい配色が特徴です。キーカラーにもある爽やかなブルーは、知性や信頼感を象徴し、全体に統一感をもたらしています。ベースカラーに白が用いられることで清潔感が強調され、サブカラーの多色展開のパステルトーンは、サイトのテーマである多様性を視覚的に表現しています。安心感と親しみやすさを両立した配色です。

そでらぼ（ソーシャルデザインラボ）｜サイボウズの課題解決実験
https://cybozu.co.jp/sodelab/　　　　　　　　© Cybozu, Inc.

レンズとカフェ LensPark（レンズパーク）
https://lens-park.com/

透明感あふれる優しい配色

眼鏡店が運営する複合施設のWebサイトは、透明感のある柔らかなパステルカラーが特徴です。レンズの透明感や光の柔らかさを感じさせる色使いが、視覚的な楽しさと親しみやすさを引き出しています。キーカラーの鮮やかなブルーは、淡い背景との対比でアクセントとなり、視認性を高めつつ全体に統一感を持たせています。カラフルでフレンドリーなデザインが、心地よくユーザーを引き込む仕上がりとなっています。

地域公共交通共創・MaaS実証プロジェクト
https://www.mlit.go.jp/sogoseisaku/transport/kyousou/

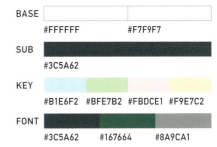

彩度を抑えた落ち着きのある色彩

地域公共交通の持続可能性を高めることを目指す実証プロジェクトのWebサイトは、彩度を抑えた落ち着きのあるパステルカラーが特徴です。ベースカラーに用いられた白と淡いグレーは清潔感を強調し、サブカラーの淡いブルー、グリーン、ピンク、オレンジが全体に穏やかさと調和をもたらしています。キーカラーのダークグリーンは、全体の印象に調和しつつも、重要な情報を際立たせる配色です。

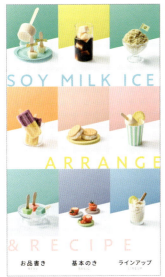

豆乳アイス、はじめました。
https://www.marusanai.co.jp/tonyu-ice/

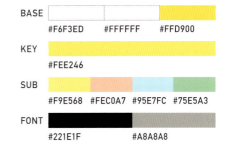

色鮮やかなパステルカラーが伝えるアイスの魅力

豆乳アイスの魅力を伝えるアレンジレシピを紹介するWebサイトは、色鮮やかでかわいらしい配色が特徴です。ファーストビューに並ぶ多彩な色合いが、視覚的な楽しさやワクワク感を引き出しています。ベースカラーの柔らかなアイボリーは、優しい雰囲気を際立たせ、キーカラーのイエローとフォントカラーの黒がデザイン全体を引き締めています。これらの配色により、ユーザーに楽しさと親しみやすさが伝わるデザインとなっています。

13 VIVID
ビビッド

ビビッドなWebサイトは、鮮やかで目を引く高彩度の色使いが特徴です。この配色は視覚的に強いインパクトを与え、エネルギッシュで活気ある印象を与えます。さらに、鮮やかな色を他の色と対比させることで、その鮮やかさが一層際立ち、デザイン全体にメリハリが加わります。

ボタンなどの要素にビビッドカラーを使用することで、重要な情報が際立ち、ユーザーが直感的に操作できるデザインを実現しています。これらの配色は、ブランドメッセージを効果的に伝える役割を果たしています。

Color Palette

#D9123C	#F29519	#F4DC24
#B9CB1B	#0E8D50	#095B91
#FF1E79	#A91856	#752974
#2891D0	#364EEC	#44397E
#EA551A	#0C7A80	#564498

活気とエネルギーを引き立てる鮮やかな配色

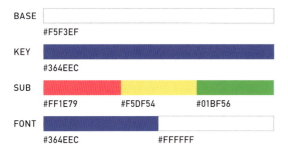

BASE #F5F3EF
KEY #364EEC
SUB #FF1E79 #F5DF54 #01BF56
FONT #364EEC #FFFFFF

地域から日本を元気にするソーシャルアクションプロジェクトのWebサイトは、活気とエネルギーを感じさせる配色が特徴です。青を基調とした高彩度のカラーが視線を効果的に誘導し、ユーザーが重要な情報を簡単に見つけやすくしています。落ち着いた淡いベージュをベースカラーにすることで、複数の鮮やかな色彩が使われていても、サイト全体がまとまり、視認性が向上しています。

いきかえる・いきなおす - いきいきと生きるソーシャルアクション
https://ikiiki-being.com/

Ctrlx(コントロールバイ)オフィシャルサイト
https://ctrlx.jp/

BASE		
#6762D3		#5954C3
KEY		
#D6E04E		
FONT		
#131313		#FFFFFF

紫とイエローが引き立て合う印象的なデザイン

がんばりすぎない目元ケア製品のWebサイトは、補色を活かした配色が特徴です。ベースカラーの紫は、彩度と明度にバリエーションを持たせ、全体に統一感を与えつつ親和性を高めています。補色の黄色は彩度を抑えて紫とのバランスを保ち、コンバージョンボタンを視覚的に強調しています。これにより、ユーザーの視線を自然に誘導し、効果的なデザインを実現しています。

TALENT LIFE(タレントライフ)｜多才で多彩な仲間とともに才能を見つけよう
https://talent-life.jp/

BASE			
#F0FC0D	#FCF5F0	#3A2DB3	#355DD0
KEY			
#F0FC0D		#3A2DB3	#355DD0
FONT			
#3A2CB2		#FCF5F0	

蛍光色と補色で生み出す視覚的インパクト

多様な個性を持った仲間たちとともに、尊重し合いながら才能を発見し育むスクールのWebサイトは、視覚的インパクトの強い配色が特徴です。蛍光色の黄色と補色の青が効果的に使用され、視覚的なメリハリを生み出し、重要な情報へと視線を誘導しています。イラストにはキーカラーに負けないカラフルな色が使用され、派手な色使いでありながらサイト全体がまとまり、バランスの取れたデザインを実現しています。

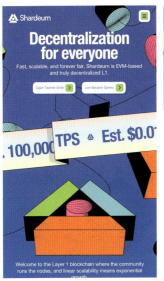

Shardeum｜EVM based Sharded Layer 1 Blockchain
https://shardeum.instawp.xyz/

BASE		
#3042FB		#FCFAEF
KEY		
#FF0098	#A4FF00	#1EFFFA
SUB		
#FFD9CE	#CEFAFF	#FFFACE
FONT		
#FFFFFF	#3042FB	#000000

ビビッドカラーにパステルを重ねて柔らかさを演出

強固なセキュリティを備えたブロックチェーンを提供するプラットフォームのWebサイトは、鮮やかで目を引く配色が特徴です。ベースカラーには彩度の高いブルーを使用し、ビビッドなキーカラーを組み合わせることで、明るくエネルギッシュな世界観を演出しています。サブカラーには親和性のあるパステル調のグラデーションを採用し、鮮やかさの中に柔らかさを加えたデザインに仕上げています。

14

LIGHT AND BRILLIANT
光・輝き

光や輝きを表現したWebサイトは、明るく鮮やかな配色が特徴です。ベースカラーに白や淡い色を用いることで透明感を演出し、キーカラーには高彩度の明るい色を使って輝きや反射を表現しています。

さらに、グラデーションやアニメーションを取り入れることで、光にきらめきや広がりが生まれ、デザインに立体感と奥行きを加えています。

これらの配色は、ブランドやサービスの個性やビジョンを効果的に伝え、サイト全体の魅力を際立たせています。

Color Palette

#F2E2E2	#E8DACC	#B6C4D2
#F9F9F7	#F9ED9B	#FFEA55
#CEEBF4	#E9C7DE	#D3B7D7
#F8E9E3	#EFBDA1	#7DB4CE
#FBE0EC	#FFF9B1	#D8EFFC

シンプル&エレガントな配色で引き立つ美しさ

BASE
#F2E2E2　#B6C4D2　#E8DACC　#FFFFFF

KEY
#E0C2C4

FONT
#52514C　#E0C2C4　#ACACAC　#FFFFFF

肌にも髪にも使えるスキンケア発想が原点のサロン専売ヘアケアシリーズを紹介するWebサイトは、やわらかな光を表現した配色が特徴です。ベースカラーの白と淡く落ち着いた色味が清潔感と透明感を演出し、キーカラーのくすみピンクが大人の女性らしさを引き立てます。フォントカラーのチャコールグレーは上品さと可読性を両立させています。これらの配色は製品の質感や使い心地を想像させ、ブランドの上質感を効果的に伝えています。

SPRINAGE（スプリナージュ）オフィシャルサイト
https://sprinage.arimino.co.jp/

BASE	#FFFFFF	#F9F9F7	#333333
KEY	#FAE500		
FONT	#333333	#FFFFFF	#949498

金沢市・東京のWeb制作・ホームページ制作会社｜株式会社ニコットラボ
https://nicottolabo.info/

明るいイエローのアクセントが放つ輝き

UI/UXを中心としたブランディングを得意とする企業のWebサイトは、光を感じさせる明るいイエローが映える配色です。広いホワイトスペースが洗練された印象を与え、サイト全体に開放感を与えています。キーカラーのイエローは、活気や創造性を象徴し、企業のポジティブなイメージを強調しています。さらに、ダークグレーのフォントカラーがデザインにメリハリを与え、プロフェッショナルな印象を引き立てています。

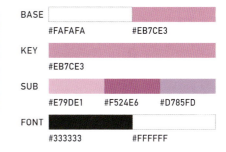

Shizuka Official Website
https://shizukatou22.com/

鮮やかなピンクが生み出す幻想的な世界観

「非現実的な世界で闘う少女たち」というテーマで作品を生み出すイラストレーターのWebサイトは、鮮やかなピンクを基調とし、作品の持つ幻想的で力強い世界観を巧みに表現しています。ピンクの多彩なバリエーションが躍動感を生み出し、ダークグレーと白のフォントカラーによるコントラストが、デザインに奥行きをもたらしています。全体として、ピンクとイラストが巧みに融合し、訪問者に没入感を与えるデザインです。

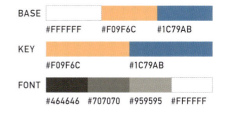

株式会社CRAZY(株式会社クレイジー)｜CRAZY,Inc.
https://www.crazy.co.jp/

光と影のコントラストを感じさせる美しい配色

「愛し愛される世界」を目指すウェディングプロデュース企業のWebサイトは、穏やかで洗練された配色が特徴です。キーカラーには、補色関係にあるコーラルオレンジと深いブルーが使用されており、これらが調和することで温もりや信頼感を感じさせます。さらに、光を表現するアニメーションがデザインに奥行きを加え、幻想的な雰囲気を作り出しています。これらの配色により、ウェディングにふさわしい特別な世界観が表現されています。

15 MODERN
モダン・近代的

モダン・近代的なWebサイトは、落ち着きのある洗練された配色が特徴です。明るいベースカラーに、シックで統一感のあるトーンを組み合わせることで、都会的で上質な印象を演出しています。

また、彩度の高い鮮やかな色をアクセントとして加えることで、技術的な先進性や斬新さが感じられます。フォントカラーは、全体との調和を保ちながらメリハリをつけ、視認性を高める工夫がされています。

これらの配色は、ブランドやサービスの感度の高さを効果的に伝える役割を果たしています。

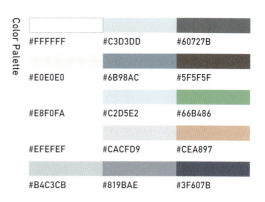

Color Palette

#FFFFFF	#C3D3DD	#60727B
#E0E0E0	#6B98AC	#5F5F5F
#E8F0FA	#C2D5E2	#66B486
#EFEFEF	#CACFD9	#CEA897
#B4C3CB	#819BAE	#3F607B

シックなトーンによって表現される近代的な印象

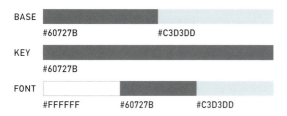

BASE #60727B #C3D3DD
KEY #60727B
FONT #FFFFFF #60727B #C3D3DD

現代を生きる一人ひとりに、新たな美しさと喜びを届けるデザインペンのWebサイトは、モダンで洗練された配色が特徴です。知的で落ち着きのあるブルーグレーが、サイト全体で繰り返し使用され、統一感を生み出しています。色数は少なくとも、濃淡を使い分けることで視認性を確保しています。また、色彩と滑らかなアニメーションが調和し、心地よいサイト体験を提供しています。これらの色彩設計により、シンプルながらも洗練されたブランドイメージが伝わる、美しいデザインに仕上がっています。

ZOOM —日本発のコンテンポラリーデザインペン
https://www.zoom-japan.com/

株式会社GA technologies - ジーエーテクノロジーズ
https://www.ga-tech.co.jp/

BASE	#FFFFFF		
KEY	#05C8FF		
SUB	#F0F0F0	#EBEBEB	
FONT	#FFFFFF	#000000	#666666

テクノロジーの革新性を表現するシンプルな配色

不動産ビジネスの変革を中心に、クロステック領域に取り組む企業のWebサイトは、モダンで先進性を感じさせる配色が特徴です。ゆったりとしたアニメーションがWebサイト全体に余裕をもたらし、キーカラーの鮮やかなライトブルーが、先進性を際立たせています。淡いグレーのサブカラーが、デザインに知的な印象を加えつつ全体に調和をもたらしています。これらの配色により、信頼感と革新性が強調され、プロフェッショナルな印象を与えます。

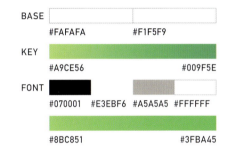

GO株式会社 脱炭素サービス『GX（グリーントランスフォーメーション）』公式サイト
https://go-gx.com/

明るいグリーンが際立つ近代的なデザイン

企業のGX事業を紹介するWebサイトは、先進的な配色が特徴的なデザインです。ベースカラーの白と明るいグレー、フォントカラーの黒とグレーの組み合わせが、クリーンな印象を強調しています。キーカラーのグリーンは環境意識を象徴すると共に、動画や画像の近未来的なネオングリーンを調和させる役割も担っています。シンプルで直感的に操作しやすく、企業の取り組みをビジュアルで強く訴求する効果が生まれています。

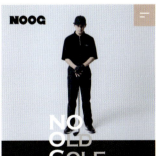

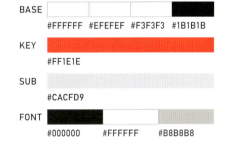

NOOG|ノーグ
https://noog.jp/

黒と白のコントラストが印象的な力強い配色

機能性とデザインの融合を追求するゴルフブランドの公式サイトは、モダンで力強い配色が特徴です。白、黒、淡いグレーをベースカラーに採用し、洗練された印象を与えながら、赤のキーカラーが力強さを演出しています。これらの配色により、プレミアムなスポーツブランドとしての特別感が際立つデザインが実現しています。

16 RETRO AND CLASSIC
レトロ・クラシック

レトロ・クラシックなWebサイトは、懐かしさを感じさせる配色が特徴です。彩度を抑えたトーンを使用することで、ノスタルジックな雰囲気が演出され、重厚感のある色をアクセントに加えることで、ヴィンテージ感が一層強調されています。

さらに、ノイズやテクスチャを取り入れることで、手触り感のある質感が加わり、時間の経過を視覚的に表現しています。

これらの配色は、時代を超えたブランドやサービスの魅力を伝え、趣のある印象を際立たせています。

Color Palette

#EB4F49	#A62D43	#38446A
#F3D6B4	#D3E4DE	#9FC7C0
#F5F5F2	#666666	#333333
#ECE4D1	#B51C03	#1E1B19
#CD5248	#DA9030	#7FABB5

深いブルーと赤が引き立てるレトロなエレガンス

BASE: #38446A / #EB4F49 / #A62D43 / #000000
KEY: #38446A / #EB4F49 / #A62D43
SUB: #A4ABB8 / #2D2F4E
FONT: #FFFFFF / #EFF1F3

音楽アーティストの5周年記念サイトは、レトロで重厚感のある配色が特徴です。深いネイビーやワインレッド、黒が、ヴィンテージ感漂う重厚なムードを演出しています。フォントカラーの白は濃いベースカラーとのコントラストで際立ち、情報を明確に伝えています。サブカラーのグレーとダークブルーが落ち着きを加えることで、大人の雰囲気を醸し出しています。全体を通して、レトロでありながらエレガンスと深みが調和したデザインです。

SIRUP 5th Anniversary Special Site
https://sirup.online/5th/

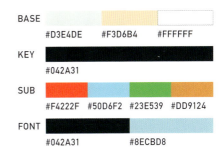

蔵王温泉初レトロなソーダ専門店 TAKAYU♨温泉パーラー
https://onsen-parlor.jp/

BASE	#D3E4DE #F3D6B4 #FFFFFF
KEY	#042A31
SUB	#F4222F #50D6F2 #23E539 #DD9124
FONT	#042A31 #8ECBD8

風情あふれるノスタルジックな色彩

昭和風情あふれる温泉街に佇むソーダ専門店のWebサイトは、情緒あふれるレトロな配色が特徴です。ベースカラーには淡いグリーンとピンクベージュを使用し、夕暮れ時の雰囲気を表現しつつ、ノイズ効果で懐かしさを一層引き立てています。さらに、サブカラーの赤、水色、緑、オレンジがアクセントとなり、賑やかでレトロな雰囲気を演出しています。全体として、親しみやすくリラックス感のあるデザインです。

MIX & BLEND｜合同会社ミックスアンドブレンド
https://mixandblend.jp/

BASE	#F5F5F2
KEY	#191919
FONT	#1A1A1A #333333 #666666 #FFFFFF

シンプルながらも印象深いクラシックな色使い

総合的な店舗プロデュースを手掛ける企業のWebサイトは、時代を超えた上質さを感じる配色が特徴です。ベースカラーの淡いベージュにノイズを加えることで、サイト全体にクラシカルな雰囲気を演出し、温かみと奥行きを感じさせています。そこに、古い書物やレトロな挿絵を彷彿とさせるイラストが配置され、古典的な印象を高めています。無駄のない洗練されたシンプルなデザインが、企業の魅力を効果的に伝えています。

ANATOMICA
https://anatomica.jp/

BASE	#ECE4D1
KEY	#B51C03
FONT	#1E1B19 #FFFFFF

クラシックな色合いが演出するブランドの上質感

妥協のないこだわりが詰まったアパレルコンセプトショップのWebサイトは、優雅でレトロな配色が特徴です。古い洋紙のような背景テクスチャと英字新聞風のレイアウトが、クラシックで知的な雰囲気を醸し出しています。また、深紅のキーカラーがデザインに抑揚を与えるとともに、ヴィンテージ感を引き立てています。これらの配色により、商品の上質さが強調され、ブランドの洗練されたイメージを一層際立たせています。

CHAPTER 3　イメージ別の配色例　097

JAPANESE STYLE
和風

17

Color Palette

#EFEFED	#9D842A	#AF0004
#FDF6CB	#A48E69	#1B526C
#ECE3D9	#D3B058	#0B573C
#ADAB97	#6A6A6A	#2F2F2F
#C0563E	#684A50	#1D2725

　和風のWebサイトは、伝統的な美しさと品格を感じさせる配色が特徴です。低彩度で落ち着いたトーンをベースカラーに使用することで、和の静けさを演出しながら、商品やコンテンツを引き立てています。

　黒やグレーなどの無彩色が統一感と安定感をもたらし、濃い赤や深い青などの日本の伝統色をアクセントに加えることで和の趣を強調し、サイト全体に奥行きと深みを与えています。

　また、伝統的な素材や模様を取り入れることで、独特の温かみが加わり、和の雰囲気がより一層際立っています。

落ち着きのある配色で表現する日本の伝統美

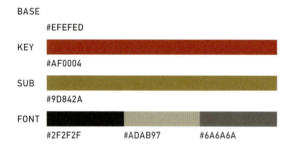

BASE #EFEFED
KEY #AF0004
SUB #9D842A
FONT #2F2F2F #ADAB97 #6A6A6A

創業300年以上の歴史を誇る名古屋の老舗仕出し料理屋の旅行代理店向けお弁当注文ページは、落ち着きのある配色が日本の伝統と温もりを感じさせるデザインです。シンプルで上品なグレーをベースカラーにすることで、商品を引き立たせています。さらに、アクセントの赤色が食欲を刺激し、お弁当の魅力を一層際立たせています。日本の伝統美と現代的なデザインが融合された、視覚的にも機能的にも優れたデザインです。

旅行代理店様向けお弁当注文ページ | 株式会社八百彦本店
https://www.yaohiko.co.jp/obento/

インディゴ白書 | 45R
https://45r.jp/ja/indigo-hakusho/

BASE
#A48E69　#FDF6CB
KEY
#1B526C
FONT
#1B526C

深い藍色が引き立つ歴史を感じさせるデザイン

洋服ブランドの20年以上に渡るオリジナルインディゴを紐解いた「インディゴ白書」のWebサイトは、藍色の深い青を随所に使用した、歴史とインディゴへの愛を感じさせるデザインです。古い絵巻物を開くようにコンテンツが展開されることで、懐かしさと新鮮さの両方を感じさせる魅力的なユーザー体験を提供しています。伝統絵画に通ずる作風のイラストが、サイト全体に温もりを添え、訪れる人に深い印象を与えています。

八 by PRESS BUTTER SAND | 和と洋を越境するお菓子
https://hachi.buttersand.com/

BASE
#ECE3D9
KEY
#0B573C
FONT
#000000　#0B573C

繊細な色使いが引き立てる和と洋それぞれの魅力

和と洋を越境したニッポンの新しいお菓子を紹介するWebサイトは、隅々まで丁寧に作り込まれた美しいデザインです。背景の淡い色味のテクスチャーが落ち着いた印象を与え、商品写真を引き立たせています。フォントカラーは要素ごとに使い分けられ、視線が効果的に誘導されています。和と洋それぞれの魅力を巧みに取り入れたデザインが、菓子ブランドの新しい世界観を表現しています。

実相山 正覚寺 公式サイト
https://nakameguro-shogakuji.or.jp/

BASE
#1D2725
KEY
#F9DF9E #C0563E #492F33 #6CC3B3 #B1FFF1
FONT
#FFFFFF

寺院の静寂を感じる低明度の色調

東京都中目黒にある寺院のオフィシャルサイトは、寺院の伝統美と現代的なデザインが融合した印象的なデザインです。暗いトーンの背景色が、中央の光のオブジェクトへと自然に視線を誘導し、神聖な雰囲気とメッセージ性を感じさせます。サイト全体を通して低明度の配色が使用されており、訪問者に落ち着きを与えるとともに、寺院の静寂で厳かな雰囲気を効果的に伝えています。

KIDS
キッズ

キッズ向けのWebサイトは、明るくメリハリのある配色が特徴です。彩度の高いカラフルな色使いが、子どもの好奇心を刺激し、デザイン全体に遊び心を加えています。白や明るい色のベースカラーに、鮮やかなキーカラーを組み合わせることで、視覚的な楽しさや親しみやすさを演出しています。

さらに、フォントカラーにも多彩な色を取り入れることで、ワクワク感をさらに高めています。これらの配色は、子どもの創造力を刺激し、ポジティブな感情を引き出す効果があります。

Color Palette

#FB6668	#F29500	#FFC700
#00C27C	#1481D2	#F062A0
#EA5514	#FFE200	#0D6FB8
#FADCDC	#F9C996	#FFEE9C
#CEE3AE	#CBE9F0	#F0D4E6

想像力を刺激する明るくカラフルな世界

BASE
#00C27C　#FAFF00　#48C6FB
#FF7A00　#0059DD　#009560

KEY
#FAFF00

FONT
#000000　#FFFFFF　#FFF500

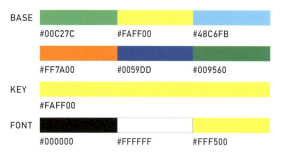

子ども向け電子工作体験スクールを紹介するWebサイトは、カラフルでエネルギッシュな配色が特徴です。高彩度のグリーン、イエロー、シアン、オレンジといった多彩な色がベースカラーとして用いられ、活気と親しみを演出しています。黒と白のフォントカラーはベースカラーとのコントラストが強く、情報を明瞭に伝えます。スクロールするたびにワクワクが広がる、想像力を刺激するデザインが実現されています。

モノコトLab. | TKエンジニアリング株式会社
https://monokoto-lab.jp/

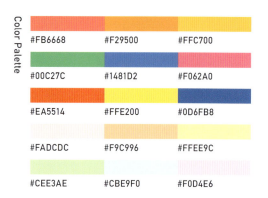
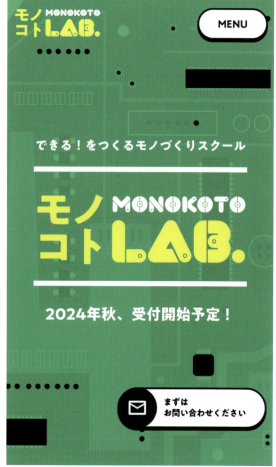

あおぞらワッペン｜歌とあそびとパントマイムの愉快な3人組
https://ask7.jp/aozora_wappen

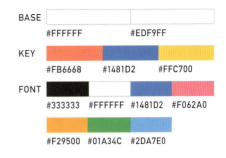

BASE #FFFFFF #EDF9FF
KEY #FB6668 #1481D2 #FFC700
FONT #333333 #FFFFFF #1481D2 #F062A0
#F29500 #01A34C #2DA7E0

カラフルな色使いで活気と親しみやすさを演出

ステージや配信で活動する子ども向けパフォーマンスユニットの公式サイトは、明るくカラフルな配色が特徴です。白と水色のベースカラーが爽やかな印象を与えながら、周囲の多彩な色を引き立てています。文字やボタンにさまざまな色を用いることで、心躍るポジティブな印象を演出しています。全体として、子どもたちに楽しさと期待感を与えるデザインとなっています。

きかせてジャーニー｜子どもの権利を学ぶワークショップ
https://kikasete-journey.jp/

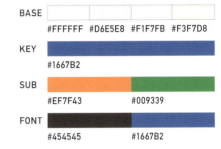

BASE #FFFFFF #D6E5E8 #F1F7FB #F3F7D8
KEY #1667B2
SUB #EF7F43 #009339
FONT #454545 #1667B2

優しさと安心感が共存する柔らかい配色

子どもたちが「子どもの権利」を学ぶワークショッププログラムのWebサイトは、穏やかで親しみやすい配色が特徴です。全体のカラーパレットは、彩度を抑えたトーンで統一され、落ち着いた印象を与えています。親しみのあるキャラクターが視覚的な楽しさを演出し、プログラムへのポジティブな印象を高めています。バランスの取れた配色により、優しさとワクワク感を両立させたWebサイトが実現しています。

こどもさんかく歯科｜武蔵小金井駅徒歩3分 小児歯科専門の歯医者です。
https://www.kodomo-sankaku.jp/

BASE #FFFFFF #FFEE9C
KEY #EA5514 #0D6FB8 #FFE200
FONT #643E2F #EA5514 #0D6FB8 #FFFFFF

親しみと安心感を引き出す優しくポップなカラー

「こどもだけのためにつくられた歯科」というコンセプトの小児歯科専門医院のWebサイトは、明るく元気な配色が特徴です。ベースカラーの白と淡いイエローが、清潔感と安心感を強調しています。ビビッドなキーカラーが視認性を高めつつ、親しみやすさと活気を演出。フォントカラーのブラウンやオレンジ、ブルーが、可読性を保ちながら温かみをプラスするなど、こども向け医院らしい安心感や親しみやすさが色彩により表現されています。

19 TEENAGE ティーン

ティーン向けのWebサイトは、鮮やかで大胆な色使いが特徴です。補色や反対色を活用したメリハリのある配色が、エネルギッシュで活発な印象を与えると同時に、視認性も向上させています。

また、白や黒、グレーといったモノトーンも効果的に使用されており、カラフルな要素を引き立てながら全体のバランスを整えています。

このような配色は、視覚的な刺激を与え、ティーン世代にとって楽しく親しみやすいデザインを実現しています。

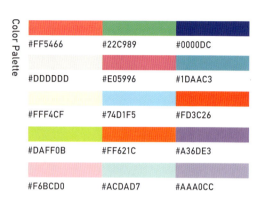

Color Palette

#FF5466	#22C989	#0000DC
#DDDDDD	#E05996	#1DAAC3
#FFF4CF	#74D1F5	#FD3C26
#DAFF0B	#FF621C	#A36DE3
#F6BCD0	#ACDAD7	#AAA0CC

落ち着きのある多色使いで描き出す青春

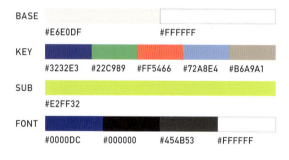

BASE: #E6E0DF / #FFFFFF
KEY: #3232E3 / #22C989 / #FF5466 / #72A8E4 / #B6A9A1
SUB: #E2FF32
FONT: #0000DC / #000000 / #454B53 / #FFFFFF

高等学校の創立100周年記念サイトは、ティーン世代を意識した活気ある配色が特徴です。白と淡いグレーのベースカラーが落ち着きをもたらし、キーカラーの鮮やかな色使いが視覚的な楽しさを引き出しつつ、多様性を伝えています。ボタンで使われている鮮やかな黄色は、多彩なカラーパレットの中でも自然と目が止まります。全体として、落ち着きと活気を両立させた、調和の取れたデザインが実現しています。

洛陽総合高等学校(学校法人 洛陽総合学院)100周年記念サイト
https://www.rakuyo.ed.jp/100th/

(公式)カワスイ アクア&アニマルスクール - 川崎水族館
https://school.kawa-sui.com/

BASE
#71D9DD #3BC9C5 #FFFFFF

KEY
#07D0D8

SUB
#E9F213 #E2DC52 #F88F00 #D8F213 #84E252 #09BCD3

FONT
#07D0D8 #505050 #F6FF89 #FFFFFF

明るく元気な配色で学びの楽しさを表現

魚、動物、爬虫類を間近で学べる日本初の学校のWebサイトは、好奇心をくすぐる配色が特徴です。爽やかなシアンと白のベースカラーに、明るいグラデーションが調和し、楽しさやワクワク感を演出しています。さらに、ゆとりあるホワイトスペースが、賑やかなデザインを引き立てつつ情報を整理する役割を果たしています。これらの色彩設計により、スクールの魅力が引き立つデザインが実現されています。

大竹高等専修学校｜東京の調理師・美容師の高校
https://www.ohtake.ac.jp/

BASE
#FFFFFF #FFF4CF #74D1F5 #FD3C26

KEY
#FD3C26   #74D1F5

SUB
#8CDC93 #FFA1A8 #CCA5FF #9BF6FC

FONT
#000000   #FFFFFF

遊び心あふれるポップでカラフルな配色

高校の勉強をしながら調理師や美容師を目指せる学校のWebサイトは、赤と水色のコントラストが際立つデザインです。サブカラーの淡い色彩が、サイト全体に登場するイラストと調和し、学校の独自性と遊び心を引き立てています。また、フォントカラーや縁取りのラインで使われている黒がアクセントとなり、デザイン全体を引き締めています。これらの配色により「好きなことをとことん学ぶ」という学校の姿勢が効果的に表現されています。

Dance is - 神戸・甲陽音楽&ダンス専門学校
https://www.music.ac.jp/dance/

BASE
#E8E8E8   #FFFFFF

KEY
#DAFF0B #A36DE3 #FF621C

FONT
#111111 #DAFF0B #A36DE3 #FF621C

トレンド感ある配色で際立つエネルギッシュな印象

圧倒的なダンスの基礎力が身につくダンススクールのWebサイトは、鮮やかで活気のある配色が特徴です。印象的に用いられたイエローとオレンジ、紫がトレンド感をもたらし、ベースカラーの淡いベージュがそれらを効果的に際立たせています。また、黒いラインや文字がデザイン全体を引き締めています。これらの配色により、ダンスのスタイリッシュさと楽しさが強調され、学びの場としてのスクールの魅力を伝えています。

FAMILY
ファミリー

ファミリー向けのWebサイトは、親しみやすく安心感のある配色が特徴です。明るく柔らかなトーンを使用して、優しい印象を与える一方、彩度の高いポップな色を用いることで、元気で活発な雰囲気が演出されています。

フォントカラーには多彩な色が使われていますが、適切なバランスの調整により、視認性が保たれています。

これらの配色は、カラフルでありながらも調和が取れており、家族向けの温もりや安らぎを効果的に表現しています。

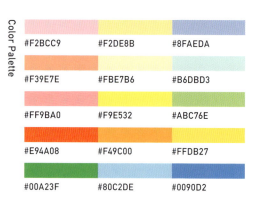

Color Palette

#F2BCC9	#F2DE8B	#8FAEDA
#F39E7E	#FBE7B6	#B6DBD3
#FF9BA0	#F9E532	#ABC76E
#E94A08	#F49C00	#FFDB27
#00A23F	#80C2DE	#0090D2

赤ちゃんの無垢さを感じさせる優しい色使い

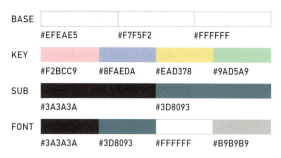

BASE	#EFEAE5	#F7F5F2	#FFFFFF	
KEY	#F2BCC9	#8FAEDA	#EAD378	#9AD5A9
SUB	#3A3A3A		#3D8093	
FONT	#3A3A3A	#3D8093	#FFFFFF	#B9B9B9

一升餅の魅力や活用方法、関連商品を紹介するWebサイトは、優しいトーンの配色が特徴です。穏やかなパステルカラーや切り絵風のイラスト、丸みを帯びたデザインが繊細に調和し、かわいらしさを引き立てています。また、アイボリーや白を基調としたベースカラーが、サイト全体に温もりと安定感をもたらしています。全体として、伝統的なお祝い行事にふさわしい特別感と、家族に寄り添うような安心感を両立させたデザインに仕上がっています。

1才のお誕生日を祝う一升餅 - 八百彦本店
https://www.yaohiko.co.jp/isshoumochi/

フォスタリングカードキット TOKETA
https://toketa.jp/

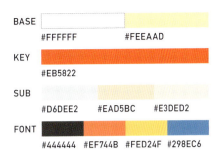

BASE		
#FFFFFF	#FEEAAD	
KEY		
#EB5822		
SUB		
#D6DEE2	#EAD5BC	#E3DED2
FONT		
#444444	#EF744B	#FED24F	#298EC6

心地よい色彩設計がサイトのテーマを補強

これから里親家庭で過ごす子どもたちのためのカードキットを紹介するWebサイトは、明るく優しい配色が特徴です。プロダクトの色合いを踏襲したベースカラーとサブカラーが、安心感と親しみやすい雰囲気を作り出し、サイト全体に一貫性を持たせています。一方、キーカラーのオレンジは重要なボタンを際立たせ、視認性を高めています。全体として、暖色と寒色が調和し、心地よく温もりを感じさせるデザインに仕上がっています。

イーヨ 〜シングルマザーの子育て体験談〜
https://s-iiyo.com/

BASE		
#FFFFFF	#F7A32A	
KEY		
#00AA64	#F9E532	#EF503A
SUB		
#FF9BA0	#02AB65	
FONT		
#00AA64		

温かさと明るさを兼ね備えた希望を感じる配色

ひとり親を対象とした子育て情報サイトは、明るく親しみやすい配色が特徴です。安心感のグリーン、希望を象徴するイエロー、活力を感じさせるレッドがキーカラーとして使われ、ポジティブな印象を与えています。ピンクとグリーンのサブカラーは優しさと調和を表現し、ひとり親家庭を支えるメッセージを際立たせています。さらに、背景に加えられたノイズがフラットな印象に立体感を与え、サイト全体に温かみをもたらしています。

深沼うみのひろば
https://fukanuma-uminohiroba.jp/

BASE			
#FFFFFF			
KEY			
#E94A08	#0090D2	#00A23F	#F49C00
FONT			
#073C2F	#FFFFFF	#F9CF80	
#F3A384	#80C2DE	#80D09E	

多色使いがポップな親しみやすさを生み出す

次世代のコミュニティを目指す都市型アウトドア拠点のWebサイトは、カラフルなキーカラーが目を引く配色です。時間の経過に伴いキーカラーが入れ替わる演出が、施設の楽しさや躍動感を伝え、明るくフレンドリーな印象を強めています。多彩な色使いながらも、ベースカラーの白が全体をすっきりと引き締め、見やすいデザインを実現。これらの配色により、明るくフレンドリーな印象を一層引き立てています。

SENIOR
シルバー

　シルバー向けのWebサイトは、柔らかく穏やかな配色で、安心感や信頼感を提供しています。白や淡いベージュ、グレーなどの明るい色合いを使用し、サイト全体にクリーンで落ち着いた雰囲気をもたらすことで、リラックスして情報を閲覧できる色彩設計になっています。

　高彩度の色をアクセントとして加えることで、重要な要素を強調し、シルバー世代にも見やすい工夫がされています。フォントカラーには黒やダークグレーを使用し、背景とのコントラストを高めて可読性を確保しています。

Color Palette

#EDF3F7　#D4DFEA　#619FBB
#D8D1E0　#E5AAC7　#937FB2
#DBD7D3　#C3B17A　#7F6959
#C9B67D　#808C7B　#7B7579
#E09EA5　#E3CB69　#92AA84

柔らかな色合いが演出する優しい世界

BASE　#FFFFFF　#F7F7F7　#F8F2EE　#F4E6DC
KEY　#F0813B　#5CC2CF　#F2C992
SUB　#96D67F　#E9866F
FONT　#3F342D　#FFFFFF　#FFF361

熊本県天草市の特別養護老人ホームのWebサイトは、安心感のある配色と、直感的なナビゲーションが特徴です。淡いベージュのベースカラーに鮮やかなキーカラーを組み合わせることで、活気を与えながら自然に視線を誘導しています。ダークブラウンのフォントカラーは視認性を高めつつ落ち着いた雰囲気を演出し、柔らかなトーンのイラストや彩度を抑えた写真と調和し、訪問者に親しみやすさと安心感を与えるデザインとなっています。

社会福祉法人 明照園｜熊本県天草市の特別養護老人ホーム
https://meishoen.com/

BASE #F5F4EC #EAE8DD
KEY #FF5500 #B4F05A #1E92E6
FONT #111111 #1E92E6

Art for Well-being｜表現とケアとテクノロジーのこれから
https://art-well-being.site/

活気と落ち着きを同時に感じさせる配色

表現とケアとテクノロジーのこれからを考えるプロジェクトのWebサイトは、活気と落ち着きを同時に感じさせる配色が特徴です。柔らかなアイボリーがベースカラーとして全体に統一感と穏やかな印象を与え、鮮やかなキーカラーが補色による視線誘導を実現しています。黒い縁取りとフォントカラーがコントラストを引き締め、全体に統一感をもたらし、魅力的な印象を作り出しています。

BASE #EDF3F7 #FFFFFF
KEY #619FBB
FONT #171717 #8C8C8C

湖山医療福祉グループ
https://www.koyama-gr.com/

清潔感と信頼感を高める柔らかい青色

広域的に高齢者施設や療養病床、児童福祉施設、保育園などを運営する医療福祉グループのWebサイトは、柔らかい青色を基調とした清潔感と信頼感を感じさせる配色が特徴です。異なる明度の寒色系カラーが調和し、特定の要素や重要な情報が効果的に際立つことで、情報が整理しやすくなっています。ナチュラルな配色とモダンなデザインが融合し、施設の雰囲気や働く人々のイメージが伝わるデザインです。

BASE #F9F8F4
KEY #DD6B74
SUB #87A976 #64ABCB #E6AE5B #F0A6AF
FONT #3A3937

社会福祉法人 慈楽福祉会
https://jiraku.or.jp/

温かみのある配色で与える安心感

広島市で高齢者ケアサービスと保育事業を展開している社会福祉法人のWebサイトは、温かみのある配色で訪問者に安心感を与えるデザインが特徴です。落ち着いた色味を基調とし、写真の彩度を抑えることでサイト全体に統一感を持たせています。コーラルピンクのキーカラーは重要な要素を際立たせ、情報の理解を促進し、サービスの円滑な利用をサポートするように設計されています。

MASCULINE
男性向け・男性的

男性向けのWebサイトには、活気を感じさせる多彩な色使いや、ダークトーンを基調とした力強い配色が用いられています。

多彩な色使いのサイトでは、彩度の高い鮮やかなキーカラーを取り入れ、エネルギッシュで活発な印象を与えています。一方、ダークトーンのサイトは、黒やダークグレーをベースにしたシンプルで力強い配色が特徴で、落ち着きと高級感を演出しています。

さらに、コントラストを強調することで、シャープさや洗練された印象が際立つ設計となっています。

Color Palette

#FFFFFF	#E60012	#171616
#F4F4F4	#FFE100	#C8C5C5
#E6E6E6	#2E74E5	#1A1A1A
#D4D3C0	#7F957F	#474E42
#CCCCCC	#777777	#000000

エネルギッシュな色彩で伝える選手たちの熱い情熱

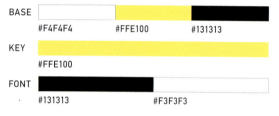

BASE #F4F4F4 / #FFE100 / #131313
KEY #FFE100
FONT #131313 / #F3F3F3

男子プロハンドボールクラブチームのオフィシャルサイトは、力強くエネルギッシュな配色が特徴です。チームカラーであるイエローと黒の高コントラストが、躍動感を引き出し、視覚的に強いインパクトを与えています。今にも動き出しそうな選手たちのアクションシーンと、ライトグレーのメッセージテキストを重ねることで、デザインにメリハリを与え、チームのコンセプトをより明確に伝える工夫がされています。これらの色彩設計によって、選手たちのハンドボールへの情熱が、訪れた人に強く伝わるデザインが実現されています。

アルバモス大阪 オフィシャルサイト
https://www.alvamososaka.com/

PROMASTER 35th ANNIVERSARY
- GO BEYOND - シチズン
https://citizen.jp/promaster/35th/index.html

BASE	
#171616	
KEY	
#E60012	
FONT	
#FFFFFF	

情熱を伝える黒と赤の力強い配色

スポーツウォッチブランドの35周年スペシャルサイトは、シンプルで力強い配色が特徴です。ベースカラーの黒がサイト全体に落ち着きと高級感をもたらし、情熱やエネルギーを象徴する赤がアクセントとして使われることで、視覚的なインパクトを生み出しています。これらの配色は、地球上のあらゆるフィールドで限界に挑む多くの人たちに愛されてきたスポーツウォッチブランドであることを体現しています。

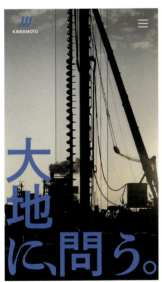

株式会社川本鉄工所
https://kawamoto-tekko.co.jp/

BASE		
#1A1A1A		#000000
KEY		
#095CE0		
FONT		
#E6E6E6		

高彩度の青が映える黒基調の色彩設計

札幌・赤平・東京を拠点に、鋼構造物工事業を展開する鉄工所のWebサイトは、黒と青を基調にした力強い配色が特徴です。ベースカラーの黒が統一感と視認性を保ち、キーカラーの青が高彩度で黒い背景に映えることで、重要な要素を強調し、視線を効果的に誘導しています。暗く彩度を抑えたハードな写真がこの配色と調和し、企業のプロフェッショナルな姿勢と信頼性をスタイリッシュに表現しています。

「サンテFX × 山口一郎」特設サイト「そうだ、その目だ。」
https://www.santen.com/jp/healthcare/eye/products/brand/sante_fx/ichiroyamaguchi

BASE		
#FFFFFF		#D9D9D9
KEY		
#0018FF		
FONT		
#000000		#FFFFFF

洗練されたモノトーンの世界で際立つ青

スキッとした清涼感が持続する目薬ブランドの特設サイトは、黒と白のコントラストを活かした洗練されたデザインが特徴です。鮮やかな青のキーカラーが視認性を高め、清涼感と信頼性を演出し、製品の特徴を効果的に際立たせています。モノクロ写真が被写体のディテールを引き立て、スタイリッシュな印象を与えます。サイト全体を通して、クールで機能的なインタラクションが実装され、ブランドイメージを的確に伝えています。

FEMININE
女性向け・女性的

　女性向けのWebサイトは、柔らかく優しい色合いが特徴です。ピンクやパステルカラーなどの淡いトーンが使われ、かわいらしさや上品さを演出しています。
　ベースカラーには白や淡いグレーが用いられ、明るく透明感のある印象を与えています。キーカラーには、暖色系のピンクや補色のグリーンなどが使用され、サイト全体に可憐さと優雅さを加えています。
　このような配色により、穏やかで落ち着いた雰囲気を保ちながら、親しみやすく魅力的なデザインが実現されています。

Color Palette

#FFFFFF	#E7ACBB	#E57893
#D7D8D8	#E28AAE	#AC90C2
#F4E7DF	#F6AEB6	#74B4B4
#E1D8D2	#C8AD7E	#7089BC
#F1B0B5	#8BC0AE	#BDB9D9

多彩な色相が調和するフラットなデザイン

BASE #FFFFFF #D7D8D8
KEY #E57893 #A87D4B #7089BC #DABFDD #814FA3
FONT #000000 #FFFFFF

髪色を長持ちさせたい人のためのヘアケアサービスのWebサイトは、調和の取れた色彩が特徴です。色彩豊かなキーカラーは、類似色を使った「アナログ配色」と、複雑な「コンプレックス配色」を組み合わせ、柔らかさとメリハリを絶妙なバランスで両立させています。また、セクションごとに異なるカラーを設定し、画像やボタンの要素を黒で囲むことで、視認性を高めながら統一感を生み出しています。これらの配色により、魅力的で使いやすいデザインが実現しています。

イロップ | パーソナルカラーケア
https://irop.jp/shop

OPERA(オペラ) | コスメティック[公式]
https://www.opera-net.jp/

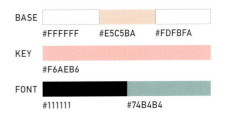

BASE
#FFFFFF　#E5C5BA　#FDFBFA

KEY
#F6AEB6

FONT
#111111　#74B4B4

柔らかな色彩で引き立つ清潔感と透明感

使い心地がスムースで、軽やかなのに印象的な仕上がりのコスメブランドのWebサイトは、白と淡いピンクを基調にした柔らかな配色が特徴です。広いホワイトスペースが清潔感と上品さを演出し、自然光が活かされた写真が製品の美しさや透明感を際立たせています。また、青緑のフォントカラーがピンクの柔らかさに爽やかさを加え、対照的な色相で全体に調和を与えています。

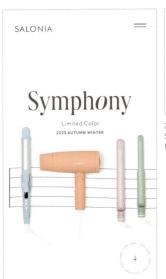

2023年秋冬限定ドライヤーとヘアアイロン | SALONIA(サロニア)公式サイト
https://salonia.jp/limited/autumn2023/

BASE
#F0F2F6　#FFFFFF

#8BC0AE　#BDB9D9　#B2D3F0　#F1B0B5

KEY
#D9A2AE　#96B795　#E1A995　#B3CACE

FONT
#5D5654　#FFFFFF

個性と調和を表現する落ち着きある配色

『個性と調和「Symphony」』をコンセプトにした美容家電ブランドのWebサイトは、落ち着いた雰囲気の中に個性を感じさせる配色が特徴です。美しい髪を連想させる五線譜の上に、カラフルな商品が音符のように配置され、視覚的な楽しさを提供するとともに訪問者の目を引きつけます。色彩バランスの良いパステルカラーと、グレーのフォントカラーが落ち着いた印象を与え、サイト全体に調和をもたらしています。

福岡市中央区 産科・婦人科 東野産婦人科
https://www.toono.or.jp/

BASE
#E4E4E4

KEY
#183962

SUB
#C3D0D5　#9EAC8B　#B6BBA4　#CA659A　#00995C

FONT
#FFFFFF　#183962

モダンで落ち着いた色彩がもたらす安心感

女性の生涯にわたるトータルケアを目指す産婦人科のWebサイトは、モダンで落ち着いた配色が特徴です。ベースカラーの淡いグレーが、他の色と調和しつつ全体に統一感と安定感をもたらし、キーカラーのネイビーが専門性と信頼感を際立たせています。診療科目ごとに淡いブルーやグリーンなどの鮮やかなカラーをアクセントにすることで、視覚的な印象を強調し、各科目を効果的に差別化しています。

失敗しない配色テクニック

本書で紹介したWebサイトは、どれも色彩バランスが取れており、美しいデザインが実現されています。このような優れたデザインを作るためには、いくつかの配色の法則があり、それらに基づいて色を選ぶことで、全体に統一感を持たせながら、効果的なデザインを作ることができます。

●アクセントカラーを使用する
落ち着いた色調の中に1色だけ鮮やかな色を使用することで、デザイン全体にメリハリを出し、重要な要素を強調することができます。

●色相を揃える
色相を揃えながら、異なる明度や彩度を組み合わせることで、デザイン全体が調和し、統一感のある見た目を実現できます。

●彩度を揃える
彩度を揃えることで、異なる色同士でも統一感が生まれ、視覚的な調和を保ちながらデザイン全体がバランス良くまとまります。

●類似色を組み合わせる
色相環で隣り合う色を使用することで、柔らかく調和の取れたデザインを作り出し、視覚的に心地よい印象を与えることができます。

●補色を活用する
色相環で反対側に位置する補色を使うことで、色同士が互いに引き立ち合い、強いコントラストが生まれて視覚的なインパクトを与えます。

●トライアド配色を活用する
色相環上で正三角形を描く位置にある3色を使用することで、カラフルでありながら、色彩バランスの取れたデザインを実現できます。

CHAPTER

サイト形態別の配色例

Webサイトにはさまざまな形態があり、
また業種によってもそれぞれに色使いの特徴があります。
ここではWebサイトをコーポレートサイト、メディアサイト、
ECサイト、プロモーションサイト、採用サイト
の5形態に分類したうえで、業種による訴求イメージの
違いを踏まえながら配色の特徴を解説していきます。

01 コーポレートサイト① 教育・公共機関

CORPORATE SITE

ターゲットに応じて、明るく元気な印象から、知性を感じる印象、柔らかく安心感のある配色で表現されています。多くは、落ち着いた彩度の色を利用し、全体に統一感を作り出し、トーンを揃えるのが基本です。

特に印象を左右するのが彩度です。心理的に安心感の感じられる配色が多く見受けられます。

また、ホワイトスペースを多くとり、ゆとりのあるレイアウトにすることで、キーカラーやサブカラーをアクセントとして利用し、全体のバランスが整っています。

Color Palette
#FFFFFF　#88A6A9　#EFF2F0
#2E66E8　#50EFFD　#EFF1F8
#9AE0ED　#E7E3D7　#E6AC58
#6F6F6F　#F5F5F5　#FF0001
#77B1EB　#FCCC01　#51595C

落ち着いた配色で印象を柔らかく

BASE　#FFFFFF
KEY　#88A6A9　#EFF2F0
FONT　#000000

京都市にあるこちらの幼稚園のWebサイトは、柔らかさと安心感を感じられる落ち着いた配色でデザインされています。ベースカラーでホワイトスペースを広く使い、落ち着いたキーカラーをポイントに加え、全体のバランスからトーンを構成しています。タイポグラフィで言葉や目立たせる部分を表現していて、とても誠意と安心感のある印象を持つことができます。

京都市伏見・山科・醍醐地区 小野幼稚園
https://www.onoyou.jp/

京都大学 大学院医学研究科 社会健康医学系専攻
臨床統計家育成コース
https://www.cbc.med.kyoto-u.ac.jp/

BASE #2E66E8
KEY #50EFFD
SUB #EFF1F8
FONT #030B14 #FFFFFF #2E66E8

ブルーをベースに知性豊かな印象に配色

臨床統計家育成コースを紹介するこちらの大学のWebサイトでは、知性を感じるオブジェクトにあわせ、ベースカラー、キーカラー、サブカラーを含め、同系色のブルーをベースとした配色をしており、品を感じるトーンになっています。セクションごとにブルーの明度を変え、ベースカラーとキーカラーに合わせて、フォントカラーのトーンを変えることでユーザビリティまで考慮されています。

専門学校ビジョナリーアーツ 東京校｜製菓 カフェ ペット 専門学校
https://www.va-t.ac.jp/

BASE #FFFFFF #9AE0ED
KEY #E7E3D7 #E6AC58
SUB #6F6F6F #F5F5F5
FONT #212121

近い配色を行なうことで全体の世界観を統一

多くの学科を専門分野として持つ、こちらの専門学校のWebサイトでは、ホワイトスペースを有効に使いながらも、温かみのある暖色をベースカラーやキーカラーに利用し、写真のトーンと協調し合うことで、学校全体の柔らかい印象を感じることができます。近い配色を選定することで、全体の統一感を生み出しているWebサイトとなっています。

西伊丹幼稚園・認定こども園 西伊丹保育園
https://nishi-itami-k.ed.jp/

BASE #FFFFFF
KEY #FF0001 #77B1EB
SUB #8EDE63 #FCCC01 #51595C #F7F7F7
FONT #000000

補色と組み合わせて柔らかく明るい印象に

兵庫県伊丹市にあるこちらの幼稚園・保育園のWebサイトでは、ロゴカラーのレッドをキーカラーとしながらも、かわいらしいオブジェクトに補色を組み合わせることで、柔らかく明るい印象が感じられます。キーカラー、サブカラーを四季のカラーとして利用するなど、配色によってページ全体で楽しくワクワクするように構成されています。

02 CORPORATE SITE
コーポレートサイト② IT

コーポレートサイトの中でもITカテゴリーは、企業のパーソナリティがより明確に表現されていて、配色に応じて、企業ごとに伝えるべきアイデンティティを感じることができます。

遊び心や安心感、知性を感じる印象など、キーカラーがポイントとなり、より印象的に企業の色を伝えることが可能です。多くのITカテゴリーのWebサイトでは、ファーストインプレッションから、どのような会社かが把握しやすいように配色まで考慮されています。

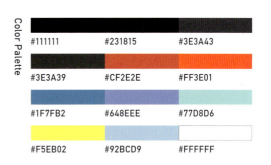

Color Palette
#111111 #231815 #3E3A43
#3E3A39 #CF2E2E #FF3E01
#1F7FB2 #648EEE #77D8D6
#F5EB02 #92BCD9 #FFFFFF

エネルギーやワクワクを感じる配色

BASE #FF6D02
KEY #6A01F1
SUB #BF04FA
FONT #171C21

対戦ゲーム作りを行なう企業のWebサイトということもあり、エネルギーやワクワクを感じる配色でデザインされています。ベースカラーとキーカラーのバランスは、暖色と寒色の組み合わせでありながらも、背景のブロックや強調するカラーとして利用されているブルーはとても遊び心があります。ユーザビリティも考慮した高度な配色で、明るく元気な印象を持つことができます。

スゴロックス｜対戦ゲームでつながりをつくる企画プロデュースカンパニー
https://sugorocks.com/

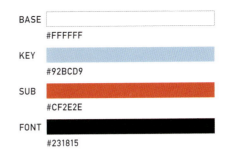

DNP INNOVATION PORT-大日本印刷株式会社
https://www.dnp-innovationport.com/

柔らかく温かい印象のWebサイト

オープンイノベーション活動推進のための取り組みを行なう事業のWebサイトでは、柔らかく温かさを感じる配色でデザインされています。ベースカラーのホワイトスペースを広く使い、落ち着いたキーカラーやイラストによるポイントカラーで世界観を構成し、サブカラーやフォントカラーから情報訴求となる部分を明確に分けることで、ハード面とソフト面の双方のバランスに配慮しています。

株式会社High Link
https://high-link.co.jp/

明るくポジティブな印象を感じる配色

「生きるを彩る」というキービジュアルのコピーの通り、鮮やかなカラーを複数使用しながらも、柔らかい印象のオブジェクトと合わせ、重なったカラーやポイントで使用されているカラーのバランスも考慮された配色で、明るくポジティブな印象を感じることのできるWebサイトです。

アドフレックス｜デジタルマーケティング・DX支援
https://www.ad-flex.com/

企業のパーソナリティを配色で表現

デジタルマーケティング・DX支援を行なう企業のWebサイトということもあり、モノトーンな配色で洗練された印象や、知的さを感じる印象を持ちながらも、キーカラーのブルーをポイントで使用することで、爽やかさやスマートさを感じることができます。企業のパーソナリティが配色によって表現されているWebサイトです。

03 コーポレートサイト③ 製造

CORPORATE SITE

製造業という堅実かつ専門性の高い分野では、企業の信頼性と専門性を視覚的に伝えるための配色が工夫されています。ホワイトスペースの活用やキーカラーの効果的な使用が、各サイトの特徴となっています。

各企業のコーポレートカラーを活かしつつ、ユーザーが情報を直感的に把握できるようにデザイン・配色されており、これにより企業のブランドイメージが強化されています。また、シンプルで洗練された配色は、製造業の堅実さと信頼性を効果的に伝えています。

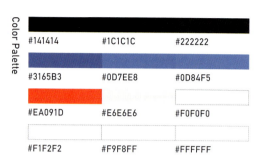

Color Palette

#141414	#1C1C1C	#222222
#3165B3	#0D7EE8	#0D84F5
#EA091D	#E6E6E6	#F0F0F0
#F1F2F2	#F9F8FF	#FFFFFF

ベースカラーで全体の印象をより柔らかく

BASE #F1F2F2
KEY #EA091D
FONT #141414

家電分野をはじめ、時代と共にオプト、メディカル、車載品など幅広い事業に展開している企業のWebサイトでは、コーポレートカラーのレッドをキーカラーにしており、白を基調とした写真をより見やすく構成するようにベースカラーをグレーとして配色しています。このグレーのベースカラーは、キーカラーを柔らかく見せる効果も感じられ、全体を通して安心感や信頼感を感じることができる配色です。

吉川化成株式会社｜コーポレートサイト
https://www.ypc-g.com/

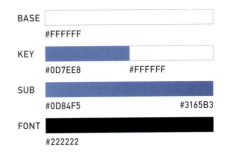

BASE #FFFFFF
KEY #0D7EE8 #FFFFFF
SUB #0D84F5 #3165B3
FONT #222222

宮本金型製作所｜金型の設計・製造
https://miyamoto-kanagata.co.jp/

情報設計と調和のとれた配色

奈良県で金型の設計・製造を行なう金型メーカーのWebサイトでは、ホワイトスペースを大きく使いながらも、キーカラーを大胆に使い、併せて力強い写真などから、堅実さと誠実さの中に力強さを感じる配色になっています。ひとつひとつのセクションで丁寧な説明がされていて、精密な情報設計の中でも、ベースカラー、キーカラーとフォントカラーにより、ユーザーが情報を把握しやすいように感じられます。

株式会社HA-RU｜島根のダクト・保温工事
https://ha-ru2017.co.jp/

BASE #FFFFFF
SUB #F0F0F0
FONT #1C1C1C

写真をより印象深く見せる配色

島根県でダクト・保温工事を行なう企業のWebサイトでは、ベースカラーのホワイトとフォントカラーのブラック、サブカラーのグレーのモノトーンな配色となっていますが、写真の中で空や海のブルーや、木々のグリーン、ダクトのシルバーがよく映える設計がされています。明るく活発な印象を受けるWebサイトです。

株式会社翔陽｜アルミ合金鋳・砂型鋳物・金型鋳物
https://syoyo-al.co.jp/

BASE #FFFFFF
KEY #0E7AE0
SUB #E6E6E6 #F9F8FF
FONT #3E4C59

妥協がなく、彩度が美しい配色

アルミ合金鋳造を行なう企業のWebサイトでは、キーカラーのブルーが美しく、全体に清潔感と透明感を感じさせる配色が特徴です。背景色やコンテンツのコントラストを適切に調整し、アルミの質感を反映したグラデーション配色が印象的です。妥協のないカラーコントロールが行なわれているサイトです。

04 CORPORATE SITE
コーポレートサイト④ 不動産

不動産会社のWebサイト配色は、信頼感と専門性を強調するために慎重に選ばれています。キーカラーとして、各社が独自のアイデンティティを際立たせる色を用い、生命感や活気を表現しています。

背景色は清潔感のあるホワイトや温かみのあるベージュを主に使用し、フォントカラーは読みやすさとコントラストを重視して選定されています。色使いは各社のブランドイメージや業界内での立ち位置を反映しており、ユーザーに安心感を与える設計になっています。

Color Palette
#000000 #00141A #111111
#191919 #222222 #DF0515
#FC0106 #EF0006 #E7380E
#007FDA #00A53D #008742
#34AA96 #EFF6F7 #FFEFDD

信頼と洗練のクリーンな配色

BASE #E5E5E5
KEY #00A53D #E7380E #FFFFFF
FONT #000000

グレーを基調にしたクリーンな配色になっています。建材をモチーフにしたオブジェクトにロゴのカラーを含めることで、洗練された印象の中に温かみのある印象を与えています。リンクエリアではホワイトを利用し、背景色とのグレーとの差から自然と強調される設計となっています。プロフェッショナルであり信頼感のある、ユーザーの視認性を高めるバランスの優れた配色です。

株式会社サン建築設計コーポレートサイト
https://sun-arc.co.jp/

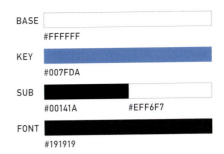

株式会社パートナーズ
https://partners-re.co.jp/

信頼感と落ち着きを備えた配色設計

ベースカラーにホワイトを採用し、清潔感と明るさを基調にしています。ブランドカラーのブルーが使用されており、プロフェッショナルかつ信頼感を与える印象を強調しています。サブカラーには色相を使い分けた2色のブルーが含まれていて、全体のカラーパレットに深みと落ち着きをもたらしています。フォントカラーはダークグレーを用いることで、高い視認性と共に堅牢さを感じさせる設計になっています。

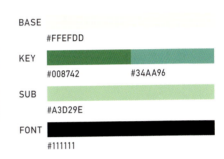

株式会社工匠
https://koushou-inc.com/

自然と信頼を生む配色設計

温かみのあるベースカラーのベージュを背景色に使用し、親和性があり、色温度が調整されたグリーンを、キーカラーやサブカラーで使用しながらも、コントラストの鮮やかさに統一感を感じることができます。柔らかさ、調和と活気を感じる印象で、信頼性と自然さを強調する配色です。

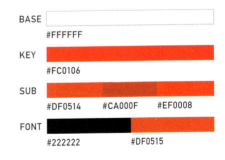

株式会社ONE RED（ワンレッド）| 不動産ビジネスのお客様の課題解決を、共に伴走する。
https://onered.jp/

鮮烈な赤で印象を刻む配色

エネルギッシュで情熱的な印象をユーザーに与えています。主に使用されているレッドは、サイトのアクティビティやアイデンティティを際立たせるために効果的に使用されています。レッドを異なるトーンで使用することで、深みと視覚的な興味を生み出しており、全体のデザインに動きと生命感を感じられます。

05 MEDIA SITE
メディアサイト① ファッション

ファッション企業のメディアサイトでは、ブランドアイデンティティを反映した配色を継承しつつ、さまざまなカラーを利用することで、楽しげでユニークさを感じることができます。

下層ページではトップページと異なる配色を見ることができ、カテゴリーに応じて色彩を変化させることで、視覚的な興味を引いていることが印象的です。

Color Palette

#000000　#003366　#005BC9
#1742C9　#2552B7　#2000BD
#FF6D00　#F6EA52　#EDB560
#ED8B74　#E2B1C7　#DDCAA8
#F3F1D8　#E4E5E4　#FDFDFD

サムネイルをより効果的に魅せる配色

BASE　#FFFFFF
KEY　#003366
FONT　#003366

クリーンなホワイトのベースにネイビーをキーカラーとして使用しており、フォントカラーも同じネイビーで統一感を持たせています。この配色は高級感とブランドの世界観を表現しながらも、視認性も高めています。下層ページでは、コンテンツに応じた配色を用い、Webサイト全体を通して一貫した色使いが維持されています。

SHIPS MAG - SHIPS WEB MAGAZINE
https://www.shipsltd.co.jp/shipsmag/
©SHIPS LTD.

BEAMS SPORTS | ワタシにとっての、スポーツがある
https://www.beams.co.jp/special/beams_sports/

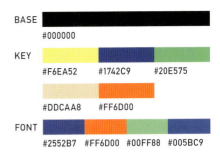

BASE
#000000

KEY
#F6EA52　#1742C9　#20E575
#DDCAA8　#FF6D00

FONT
#2552B7　#FF6D00　#00FF88　#005BC9

ユニークなカラーで織りなすエネルギー感じる配色

ブラックを基調に、イエローやブルーなどのユニークなカラーを活用し、エネルギーと動きを感じながらも絶妙なバランスのカラーコーディネートがされています。それぞれの下層ページでも、視覚的な興味とリズムを作り出し、スポーツのダイナミズムが表現されています。フォントカラーのバリエーションも豊富で、情報の階層化を助け、読みやすさを保持しています。

ニコアンド(niko and ...)オフィシャルブランドサイト
https://www.nikoand.jp/

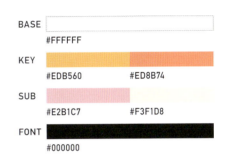

BASE
#FFFFFF

KEY
#EDB560　#ED8B74

SUB
#E2B1C7　#F3F1D8

FONT
#000000

楽しく、温かみのある洗練された配色

ホワイトをベースに柔らかな色調のキーカラーを配置し、温かみと洗練さ、楽しさを演出しています。下層ページでは、同様にソフトな色合いを用い、ブランドの親しみやすさを強調。フォントカラーはブラックを採用しており、全体の読みやすさを保ちつつ、色彩とのコントラストを活かして情報の階層化を明確にしています。

ブルータス | BRUTUS.jp
https://brutus.jp/

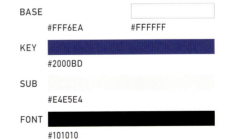

BASE
#FFF6EA　#FFFFFF

KEY
#2000BD

SUB
#E4E5E4

FONT
#101010

柔らかさと落ち着きを備えた配色

日替わりで配色が変わるサイトです。キービジュアルのベースカラーとなるクリームカラーと、キーカラーのブルーによって、全体を柔らかい印象に包み込んでいます。さらに、キービジュアル下では、洗練さと広がりを感じさせるホワイトがベースカラーとなっており、ライトグレーのサブカラーは全体の配色に落ち着きをもたらし、フォントカラーにブラックを取り入れることで、視認性と読みやすさに優れた配色となっています。

MEDIA SITE
メディアサイト② 施設・交通機関

施設・交通機関のメディアサイトにおける配色は、ユーザーの注目を引き、情報訴求を把握しやすくすることに加え、安心感や親しみやすさのある配色も特徴的です。

ナチュラルで落ち着いた色調を基調とし、鮮やかなアクセントカラーを用いて重要な情報やリンクを強調しています。ベースカラーは視認性を高めるクリーンな色を選択し、キーカラーはサイトのテーマや特性に合わせて選ばれています。

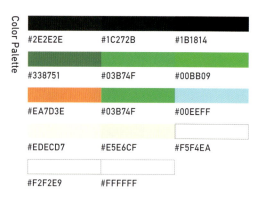

Color Palette

#2E2E2E	#1C272B	#1B1814
#338751	#03B74F	#00BB09
#EA7D3E	#03B74F	#00EEFF
#EDECD7	#E5E6CF	#F5F4EA
#F2F2E9	#FFFFFF	

温もりと清新さの配色効果

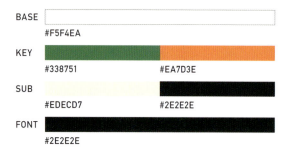

BASE #F5F4EA
KEY #338751 / #EA7D3E
SUB #EDECD7 / #2E2E2E
FONT #2E2E2E

宿の求人を掲載するこちらのWebサイトでは、ベージュをベースにグリーンとオレンジのキーカラーを配し、ナチュラルで温かみのある雰囲気を創出。ダークグレーのフォントとサブカラーが柔らかさの中に張りを作り、テキストの読みやすさを高めています。柔らかく優しい印象を感じる配色です。

ホテル・旅館のお仕事探し | もしも、この宿ではたらいたら
https://www.moshiyado.com/

JP Startups（ジャパスタ）｜スタートアップを紹介・応援するメディア
https://jp-startup.jp/

BASE #1C272B
FONT #00EEFF #FFFFFF

革新を導くスタイリッシュな配色

スタートアップを紹介・応援するメディアでは、深いネイビーのベースカラーに、ビビッドなターコイズブルーのフォントカラーが鮮やかなアクセントとなり、洗練された雰囲気を演出しています。ホワイトのフォントカラーで視覚的なコントラストと明瞭さを高めており、一貫した色彩の使用により、ユーザーが把握しやすい配色を行なっています。

HAKONATURE
https://hakonature.jp/

BASE #F2F2E9
KEY #03B74F #00BB09
SUB #E5E6CF
FONT #1B1814 #03B74F

自然の魅力を感じ、彩る配色

クリームカラーをベースに、バイブラントグリーンのキーカラーを利用し、自然や活力を感じることができます。サブカラーのペールグリーンが軽やかさを加え、深いチャコールのフォントカラーで全体の統一感を演出しながらも情報が把握しやすく設計されています。グリーンのフォントカラーはリンクや強調に用いることで、視覚的に惹きつけられ、色彩全体が清潔感と自然の美しさを映し出しています。

HITOTOKI by 旅する2人
https://hitotoki-hotel.com/

BASE #F8F5F0
KEY #FFE799
SUB #F3E8E0
FONT #2C2D48

明るさや温かみをもたらす配色

クリームカラーのベースが心地よく明るい雰囲気をもたらし、鮮やかなイエローのキーカラーがアクセントとして活用され、全体的に温かみが感じられる配色です。淡いサブカラーが全体の柔らかさをさらに強調し、フォントカラーのネイビーが視認性を高めつつ、落ち着いた印象を作り出しています。配色により、全体が調和し、親しみやすい印象を感じることができます。

07 MEDIA SITE
メディアサイト③ 地域

地域に関わるメディアサイトの配色は、ユーザーが親しみやすさと地域の特色を感じることができ、明るく温かみのある色調を用いていることが印象的です。キーカラーとして自然や文化を象徴する配色があり、穏やかなサブカラーで調和を感じ、全体のバランスがとても美しいです。

また、メディアサイトということもあり、フォントカラーは読みやすさを重視し、地域の魅力を効果的に伝えながらも、ユーザーを惹きつける配色の工夫がされています。

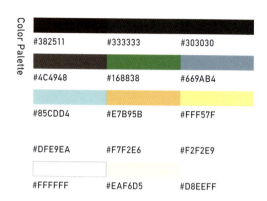

Color Palette

#382511　#333333　#303030
#4C4948　#168838　#669AB4
#85CDD4　#E7B95B　#FFF57F
#DFE9EA　#F7F2E6　#F2F2E9
#FFFFFF　#EAF6D5　#D8EEFF

爽やかな明るい配色で魅力を紹介

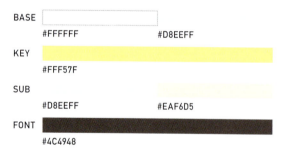

BASE　#FFFFFF　#D8EEFF
KEY　#FFF57F
SUB　#D8EEFF　#EAF6D5
FONT　#4C4948

ホワイトとスカイブルーを基調にし、レモンイエローのキーカラーが明るさと活気を感じることのできるWebサイトです。サブカラーのペールグリーンは爽やかさがあり、全体の配色が穏やかで親近感ある雰囲気を演出しています。チャコールグレーのフォントは、全体の配色と調和を生みながらも鮮明で読みやすく、バランスが考慮された配色設計です。

STUDY IN SHIZUOKA
https://studyinshizuoka.jp/

いいけん、島根県　誰もが、誰かの、たからもの。
https://www.kurashimanet.jp/iikenshimaneken/

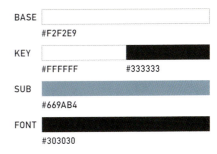

BASE #F2F2E9
KEY #FFFFFF #333333
SUB #669AB4
FONT #303030

やさしさが感じられる配色

クリームカラーのベースに、ホワイトをアクセントに利用し、写真や動画をより美しく魅せる配色として考慮されているように感じます。スレートブルーのサブカラーが爽やかさを加え、全体に柔らかな印象を与えています。ディープグレーのフォントは、すべてのページにわたって視認性を保ち、ユーザーが情報を把握しやすい設計として配慮されています。

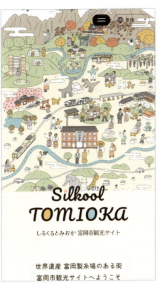

しるくるとみおか　富岡製糸場　富岡市観光　公式ホームページ
https://www.tomioka-silk.jp/

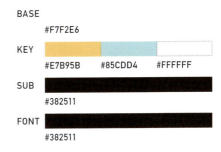

BASE #F7F2E6
KEY #E7B95B #85CDD4 #FFFFFF
SUB #382511
FONT #382511

伝統と自然の魅力を映す配色

クリームのベースに、ロゴで利用されているゴールドとアクアブルーのキーカラー、さらにイラストの配色や写真の暖かなレタッチにより、穏やかながらも爽やかな印象を与えています。ホワイトを活用して明るさを保ちつつ、ダークブラウンのフォントが全ページにわたり深みをもたらし、情報を際立たせています。サイト全体に落ち着きと清潔感を与え、視覚的に心地よい環境を作り出しています。

東京都観光データカタログ
https://data.tourism.metro.tokyo.lg.jp/

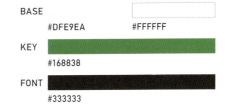

BASE #DFE9EA #FFFFFF
KEY #168838
FONT #333333

穏やかで落ち着いた調和を感じる配色

このWebサイトのカラー設計は、落ち着いたグリーンとグレーのトーンを基調にしています。ベースカラーとして使用されるライトグレーとホワイトがクリーンで明るい印象を作り出し、キーカラーのグリーンがアクセントを与えています。フォントカラーにはダークグレーが採用されており、情報の読みやすさを保ちつつ、全体的に落ち着いた雰囲気や安心感を作り出すことで、情報を視覚的に整理し、信頼性を感じることができます。

08 MEDIA SITE メディアサイト④ 教育・公共機関

教育・公共機関に関わるメディアサイトの配色は、安心感と親しみやすさを感じることができます。クリーンなベースカラーや、暖かみのあるキーカラーを組み合わせることで、情報を伝える表現として、優しさのあるアクセシビリティが特徴的です。

キーカラーとして活用される色は、サイトの目的や内容に応じて、学び、発見、楽しさなどを表現するために、明るくポジティブな色調が選ばれています。受け入れやすく親近感のある印象です。

Color Palette

#2A2F4A	#374653	#998877
#93C6D9	#70BEE6	#95CB4E
#EC99A3	#FEBE7D	#FFD4CC
#FFE3E3	#FFECCF	#EBFFDE
#DEF1FF	#F7F7F7	#FFFFFF

コンセプトが把握しやすく安心感のある配色

- BASE: #FFFFFF
- KEY: #93C6D9 / #FEBE7D
- SUB: #F7F7F7
- FONT: #2A2F4A

ホワイトをベースに、ロゴ・Webサイトのコンセプトグラデーションを基調としたスカイブルーとコーラルオレンジをキーカラーとして使用し、清潔感と併せて温かみを感じることのできる配色です。サブカラーのライトグレーが全体に柔らかい雰囲気を加え、ダークブルーグレーのフォントは視認性を確保しつつ、落ち着きを感じることができます。ユーザーに安心感を与えながら、情報を効果的に魅せる配色になっています。

Career Palette（キャリアパレット）｜神戸女子大学・神戸女子短期大学
https://career-palette.kobe-wu.ac.jp/

キャリアパレットは、神戸女子大学・神戸女子短期大学を卒業後、学生が個々のキャリアを構築する際に選択できる様々な職業や進路の多様性、可能性の広がりを紹介するWebサイトです。

難治性血管腫・血管奇形薬物療法研究班情報サイト｜AMED小関班運営
https://cure-vas.jp/

専門知識を柔らかな配色で伝える

ホワイトを主要なベースカラーとして使用し、ピンクとモカのキーカラーがサイトから柔らかく温かい印象を感じとれます。ライトピンクやペールピンクのサブカラーが優しさと明るさを演出し、多様なサブカラーは情報の分類を視覚的に把握しやすく補助しています。ブラウンのフォントは全体の配色と調和しながらも、情報の可読性を高めています。これらの色彩は、専門的な情報を落ち着いた雰囲気で提供し、訪問者に安心感を与える効果があります。

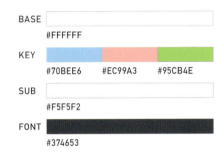

Harmonies with KUMON｜子育て家族の毎日に、新しい発見を届ける
https://harmonies.kumon.ne.jp/

訪問者に心地よい印象を感じさせる配色

クリアなホワイトをベースに、スカイブルー、ペールピンク、そしてライトグリーンのキーカラーが活力と温かさを演出しています。サブカラーのオフホワイトが全体の明るさを保ちつつ、ディープブルーグレーのフォントは情報を際立たせ、視認性を高めています。親しみやすく楽しい学びの環境を表現し、訪問者に心地よい印象を感じさせることができます。

在校生、卒業生、先生が福岡医健の魅力を伝えるWEBマガジン
https://www.iken.ac.jp/media/

清潔感の中に明るく活力をもたらす配色

このWebマガジンは、クリーンで清潔感を感じるホワイトベースに、バイブラントオレンジとライトブルーをアクセントとして使用しており、明るく活力があり、プロフェッショナルな印象を与えています。コントラストの強いブラックフォントが読みやすさを保ち、ユーザビリティに配慮された配色設計となっています。

EC SITE
ECサイト① インテリア・生活

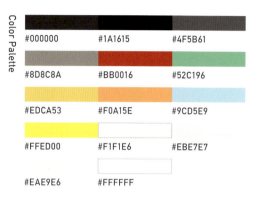

Color Palette

#000000	#1A1615	#4F5B61
#8D8C8A	#BB0016	#52C196
#EDCA53	#F0A15E	#9CD5E9
#FFED00	#F1F1E6	#EBE7E7
#EAE9E6	#FFFFFF	

インテリアや生活に関連するECサイトの配色は、商品の魅力を引き立て、ユーザーに心地よいショッピング体験を提供するために綿密に計画されています。ベースカラーに清潔感を感じさせるホワイトを利用し、明るくポジティブな印象を与えるキーカラーを採用しています。

配色はユーザーの購買意欲を刺激し、商品の特徴が際立つように選ばれ、全体の調和を保ちつつも、各商品の個性を強調する効果的なカラースキームになっています。サブカラーも製品画像やコンテンツを引き立て、サイトの全体的な視覚的魅力を高める中心的な役割を担っています。

贈り物の魅力を映す明るい配色

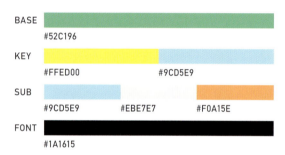

BASE #52C196
KEY #FFED00 #9CD5E9
SUB #9CD5E9 #EBE7E7 #F0A15E
FONT #1A1615

ライトグリーンのベースカラーが活動的な印象を与え、キーカラーとなるビビッドイエローが目を引きます。ライトブルーとソフトオレンジのサブカラーは、イラストのカラーに合わせて優しさと温もりの印象を与え、全体の配色にバランスをもたらしています。ペールグレーは、背景の落ち着きを保つ役割をしており、コンテンツの伝え方に合わせ、配色とデザインにより各セクションで印象を使い分けられているように感じます。

dōzo − SNSで贈れるソーシャルギフト《どーぞ》
https://dozo-gift.com/

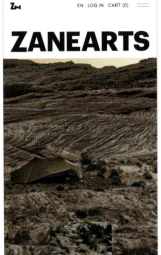

ZANE ARTS
https://zanearts.com/

BASE #FFFFFF
FONT #212121

落ち着いた印象の洗練された配色

ホワイトをベースカラーとして採用しており、クリーンでミニマルな印象が感じられます。ディープグレーのフォントは、全体の配色と調和を生みながらも情報の読みやすさを補完しており、配色よってシンプルながらも上品な空間を創り出し、ユーザーに洗練された体験を感じさせます。画像や映像の相乗効果として、視覚的な統一感とプロフェッショナルな印象があります。

ミネルヴァスリープ
https://minerva-sleep.jp/

BASE #FFFFFF
KEY #BB0016
SUB #F1F1E6 #4F5B61
FONT #000000

眠りの質を高める洗練された配色

ホワイトをベースカラーに採用し、清潔感を感じることができ、バーガンディのキーカラーがエレガントで力強いアクセントを加え、全体の視覚的魅力を高めています。ライトグレーとダークスレートグレーのサブカラーは、落ち着きと上品な雰囲気を演出し、製品の高級感をさらに引き立たせています。ブラックのフォントは、情報の視認性を最大限に保ち、訪問者へのストレスフリーな読みやすさを考慮した設計となっています。

Creative Tools for Endless Imagination & Woset
https://woset.world/ja

BASE #EAE9E6
KEY #EDCA53
SUB #8D8C8A
FONT #000000

ソフトで穏やかな雰囲気に創造力を感じる配色

オフホワイトのベースカラーが全体にソフトで穏やかな雰囲気を創り出し、優しい印象を与えています。ゴールデンイエローのキーカラーは、元気と創造力を象徴し、クリエイティブなテーマに活気を加えています。ダークグレーのサブカラーは、全体の配色に深みを加え、高い視認性を持つブラックのフォントと組み合わせて、情報の読みやすさも考慮されています。明るい色彩に合ったかわいらしいイラストやアイコンが、親しみやすさを高めています。

10 ECサイト② 飲食・食品

EC SITE

飲食・食品に関連するECサイトでは、商品の魅力を最大限に表現するために、親しみやすさと信頼感を与える配色が用いられています。

明るい色調を基調にしながら、清潔感を感じさせるホワイトやクリームを利用し、適切なアクセントカラーで活気やポジティブな感情を感じることができます。これにより、商品のフレッシュさや味わいが視覚的に伝わりやすくなり、直感的に購入意欲を刺激する設計がされています。

Color Palette

#010101	#00000A	#212529
#1E224C	#1666FF	#9E9782
#7CE3FF	#F5A95F	#FFF101
#FAB5D3	#FDF1D2	#F6F6F5
#F2F2F2	#E7E7EA	#FFFFFF

カラフルで楽しいモクテルの世界

- BASE: #FDF1D2
- KEY: #FFF101
- SUB: #F5A95F / #1666FF / #7CE3FF / #FAB5D3
- FONT: #212529

こちらのモクテルブランドのWebサイトでは、クリーム色のベースに、鮮やかなビビッドイエローがキーカラーとして活用されています。サンセットオレンジやボールドブルー、スカイブルー、ソフトピンクのサブカラーが多彩な楽しさを加え、誰もが楽しめる雰囲気を演出しています。ディープグレーのフォントは、全体の明るい配色の中でも情報の視認性を確保しており、親しみやすく洗練されたバランスの配色設計です。

nomca! ノンアルコールフルーツシロップ
https://nomca.jp/

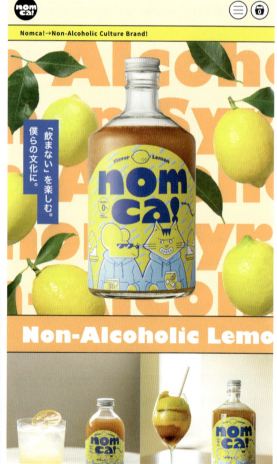

GOOD NEWSオンラインショップ
https://goodnews-shop.com/

BASE #FFFFFF
SUB #D7E7EA #F2F2F2
FONT #000000

明るく温かな印象を感じる配色

クリーンなホワイトをベースカラーに使用し、穏やかなライトブルーとソフトライトグレーのサブカラーで明るく温かな雰囲気を演出しています。ブラックのフォントカラーは視認性を高め、全体の読みやすさを確保しています。この配色は、オンラインショップとして清潔感と親しみやすさを表現しつつ、ユーザーが快適に安心感のあるショッピング体験ができるように配慮された配色だと感じます。

一合瓶の日本酒専門店　きょうの日本酒
https://kyouno.jp/

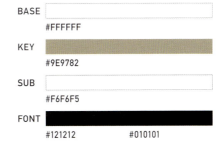

BASE #FFFFFF
KEY #9E9782
SUB #F6F6F5
FONT #121212　#010101

清潔感と温かみを感じる洗練された配色

ホワイトをベースカラーに使用しており、洗練されたベージュのキーカラーも合わせて、穏やかな印象を与えます。サブカラーのオフホワイトは全体の柔らかさを高め、ダークグレーのフォントは読みやすさを確保しつつ、全体と調和しています。この配色は、親しみやすさと温かみを併せ持ち、安心感を感じられます。

【公式】芽吹き屋 オンラインショップ｜粉屋が作る、もちとだんご。
https://www.mebukiya.co.jp/

BASE #FFFFFF
SUB #1E224C
FONT #00000A

画像のトーンを有効に魅せる配色

ホワイトをベースカラーに採用しており、広い視覚的空間と清潔感を演出しています。ディープネイビーのサブカラーがポイントで重厚感を加え、全体に落ち着いた雰囲気を感じることができます。特に色彩豊かな画像を魅せるための配色となっており、洗練されながらもかわいらしさや和の伝承を感じる印象があります。

ECサイト③ ファッション・美容

EC SITE

ファッション・美容のECサイトでは、ベースカラーにホワイトやライトグレーを使用し、キーカラーにブラックやチャコールグレーを採用することで視認性を高めています。

サブカラーとしてミディアムグレーやソフトグレー、時には淡いベージュを使用し、全体のバランスを保ちながら落ち着いた雰囲気を演出。色数を抑えた配色が統一感とエレガンスをもたらし、商品やコンテンツを効果的に引き立てています。これにより、プロフェッショナルかつ洗練された印象を与えています。

Color Palette
- #000000
- #1A1A1A
- #222222
- #373A37
- #393939
- #EAE5DB
- #ECE9E1
- #E7EAE9
- #F5F5F5
- #D2D5D4
- #FFFFFF

カラー設計をシンプルにすることで写真を引き立てる

- BASE #FFFFFF
- KEY #1A1A1A
- SUB #F5F5F5
- FONT #1A1A1A

ベースカラーにホワイトを使用し、キーカラーにはディープブラックを採用。サブカラーとしてライトグレーを取り入れ、フォントカラーもブラックで統一しています。写真には製品だけでなく、シーンやバナーも含まれているため、サイト全体のカラー設計はモノトーンの配色で視認性を高めることで、商品写真やバナーを引き立てる役割を果たしています。このバランスにより、シンプルでありながら洗練された印象を与え、使いやすさも実現しています。

Goldwin Online Store - ゴールドウインオンラインストア
https://www.goldwin.co.jp/store/

BASE #FFFFFF
KEY #000000
FONT #000000

RUSTIC（ラスティック）｜公式オンラインストア
https://www.rustic-jp.com/

モノトーンで統一されたエレガントな配色

ホワイトをベースに、ブラックをキーカラーとして使用し、フォントもブラックで統一することで視認性を高めています。モノトーンの配色が全体にシンプルで洗練された印象を与え、コンテンツを引き立てています。色数を抑えることで、サイト全体に統一感と落ち着きを持たせ、エレガントでプロフェッショナルな雰囲気を演出しています。

BASE #ECE9E1　#EAE5DB
KEY #393939
FONT #393939　#222222

Bonu｜ボニュー公式オンラインストア
https://bonu-bonu.com/

モノトーンが生むシンプルで洗練された配色

ベースカラーにアイボリーを使用し、キーカラーにはチャコールグレーを採用しています。フォントも同じチャコールグレーで統一し、視認性を高めています。体を内外から健やかに美しくするというコンセプトのもと、肌に近いアイボリーを用いることで、全体にシンプルで洗練された印象を与え、コンテンツを引き立てています。色数を抑えた配色がサイト全体に統一感と落ち着きをもたらし、エレガントで艶のある雰囲気を演出しています。

BASE #E7EAE9
KEY #222222
SUB #373A37　#D2D5D4
FONT #222222

ei-to 公式オンラインショップ
https://shop.awajishima-eito.com/

淡いグレーとブラックを基調とした上品な配色

ベースカラーにライトグレーを使用し、キーカラーにはディープブラックを採用しています。サブカラーにはミディアムグレーとソフトグレーを取り入れ、フォントカラーもブラックで統一。淡いグレーとブラックのバランスが、視認性を高めつつ、上品で落ち着いた雰囲気を演出しています。色数を抑えた配色が、商品やコンテンツの魅力を引き立てています。

ECサイト④ 家電・雑貨

ECSITE

日用品・雑貨のECサイトでは、ナチュラルで視認性の高い配色を特徴としています。ホワイトやアイボリーなどのベースカラーでシンプルさを保ちつつ、キーカラーにはブラウンやグレー、レッドなどの落ち着いた色を取り入れています。アクセントカラーとしてピンクやライムグリーンなど鮮やかな色を使用し、視線誘導やコンテンツの強調を図っています。

全体のトーンを統一し、使いやすさを高めることで、温かみとエレガンスを演出しています。

Color Palette

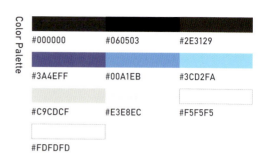

#000000　#060503　#2E3129
#3A4EFF　#00A1EB　#3CD2FA
#C9CDCF　#E3E8EC　#F5F5F5
#FDFDFD

落ち着きと彩りを融合した配色

BASE　#FFFFFF　#F9FCF2
KEY　#2F2725　#883B3A
SUB　#FF686D　#F7F6F2
FONT　#2F2725

ホワイトをベースに、ポイントでダークブラウンとディープレッドを取り入れ、コントラストを強調して視認性を高めています。写真を引き立てるためにシンプルなカラー構成を採用し、アクセントとしてピンクを使うことで、視線を誘導する役割を果たしています。ナチュラルなトーンと鮮やかなアクセントカラーのバランスが良く、視認性を保ちながら、温かみとエレガンスを同時に演出しています。

STAYFUL LIFE STORE
https://stayful.jp/

Compartment. | 撮影・展示用小道具・小物・雑貨レンタル
https://compartment.jp/

BASE #FFFFFF
KEY #F4F2EC
SUB #727171
FONT #000000 #9FA0A0

シンプルで温かみのあるナチュラル配色

ホワイトをベースに、写真の背景をベージュで統一することで、サイト全体に温かみを感じる柔らかい印象を与えています。ボタンにはミディアムグレーを取り入れ、フォントカラーはブラックとライトグレーで、色数は少ないながらもコントラストの変化で全体のトーンを統一しています。この配色により、シンプルで落ち着いた雰囲気が生まれ、視認性も高く保たれています。ナチュラルなトーンが全体の統一感を強調し、使いやすさを向上させています。

バーミキュラ公式オンラインショップ | Vermicular OnlineShop
https://shop.vermicular.jp/

BASE #FFFFFF
KEY #2B2625
SUB #DCDFDF #EAE8E4
FONT #393332

製品の魅力を引き出す配色設計

ベースカラーにはクリーンなホワイトを使用し、全体に明るく広々とした余白を与え、製品の特徴が把握しやすく設計されています。また、キーカラーのブラウンでは、重厚感と高級感を演出し、製品の質の高さを際立たせています。サブカラーではソフトグレーとライトクリームを使用しており、穏やかながらも洗練された印象を感じることができます。配色により、エレガントで洗練された雰囲気を作り出しながら、製品の魅力を引き立てています。

Coffee Outdoors | Independent Outdoors Store | Wellington | NZ
https://www.coffeeoutdoors.co.nz/

BASE #F0EEE1
KEY #E0FE52 #D4F14F #363534
SUB #513732
FONT #2A2929

アウトドアの魅力を引き立てるナチュラルな配色

ベースカラーにアイボリーを使用し、キーカラーには蛍光色のライムグリーンと落ち着いたチャコールグレーを採用しています。サブカラーにはディープブラウンを取り入れ、フォントカラーもダークグレーで統一しています。ナチュラルなトーンと鮮やかなアクセントカラーのバランスが優れており、視認性を高めつつ、アウトドアの魅力を引き立てています。この配色により、サイト全体が調和し、使いやすさが向上しています。

13 プロモーションサイト① アート・デザイン

PROMOTION SITE

アート・デザインに関わるプロモーションサイトの配色は、視覚的魅力と情報伝達の明確さを兼ね備えています。掲載内容に合わせ、コントラストが高いキーカラーを使用することで、アートのエネルギーが表現されています。

ベースカラーはホワイトやソフトグレーといった落ち着いた色を利用することで、ユーザーの感情に訴えかけるよう設計されています。個性的かつ表現力豊かな配色を感じることができ、各展示やイベントの独自性を際立たせています。

Color Palette

#000000 #2F2725 #363534
#2A2929 #513732 #727171
#883B3A #9FA0A0 #FF686D
#E0FE52 #DCDFDF #F4F2EC
#F7F6F2 #F0EEE1 #FFFFFF

プロフェッショナルな調和の配色

BASE #E3E8EC
KEY #3A4EFF
FONT #2E3129

世界的なデジタルアワードのカンファレンス紹介ページということもあり、ベースカラーのペールブルーグレーとキーカラーのブリリアントブルーが視覚的に目を引き、ユニークで洗練された印象を与えています。ダークグレーのフォントは、情報の読みやすさを保ちつつ、全体の色彩バランスを整えています。この配色は、専門的で先進的な雰囲気を創出し、プロフェッショナルな印象を感じることができます。

Awwwards Conference - New York
https://conference.awwwards.com/new-york

デジタル文化財ミュージアム KOISHIKAWA XROSS
https://koishikawaxross.jp/

BASE #060503
FONT #C9CDCF

革新を映す洗練された色彩

ベースカラーにディープブラックが採用されていることで、モダンで深みのある印象を感じることができます。マウスカーソルに合わせたグラデーションは、紹介されている作品の印象と重なり、シルバーグレーのフォントは、高い視認性と洗練された雰囲気を演出しがらも、デジタル技術を用いた文化財の展示に相応しい革新的な印象を感じられます。この配色は、伝統と革新の融合、新しい鑑賞体験の感覚を感じさせる配色です。

AOMORI GOKAN アートフェス2024
https://aomori-artsfest.com/

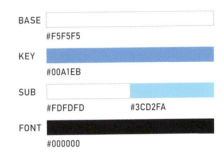

BASE #F5F5F5
KEY #00A1EB
SUB #FDFDFD #3CD2FA
FONT #000000

クリーンで活動的な配色

ベースカラーのグレーにより空間全体に穏やかで開放的な雰囲気が演出されており、ブルーのキーカラーは、活動的で創造的で清潔感とエネルギーを感じることができます。また、フォントカラーのブラックにより、読みやすさと情報の明瞭さを保っています。全体として、クリーンで活動的な印象を感じさせる配色です。

AOMORI GOKAN 5館が五感を刺激する
https://aomorigokan.com/

BASE #F5F5F5
KEY #00A1EB #000000
SUB #3CD2FA
FONT #000000

アートの魅力を彩る鮮やかな配色

ベースカラーにソフトグレーが採用され、クリアなブルーとブラックのキーカラーが鮮明なコントラストとなり、視覚的に引き締まった印象を与えます。ライトブルーのサブカラーは、青森の広大な海と空を連想させ、地域の自然美を象徴した色と感じさせます。ブラックのフォントは情報の視認性を保ち、洗練された雰囲気を作り出しています。アートフェスの多様なプログラムと青森の文化的豊かさが表現され、新鮮な体験を予感できる配色です。

PROMOTION SITE

14 プロモーションサイト② 音楽

音楽のプロモーションサイトでは、視覚的なインパクトを重視し、鮮やかなキーカラーやサブカラーを採用することが多いです。ベースカラーに落ち着いた色を使用し、キーカラーで強調する部分を明確にすることで、全体の統一感を保ちつつ視認性を高めています。

サブカラーやフォントカラーを調和させることで、情報の伝達を効果的に行ない、各コンテンツの魅力を引き立てています。こうした配色設計により、サイト全体の雰囲気を活気づけ、ユーザーの興味を引く工夫がされています。

Color Palette

#191919　#333333　#123B7A
#198495　#3722ED　#4B3876
#21A772　#64CAC6　#6EBE90
#84C1C7　#E86373　#FF0098
#F2DA51　#E9F934　#E5E0CF

鮮やかなピンクとブルーが印象的なアートサイト

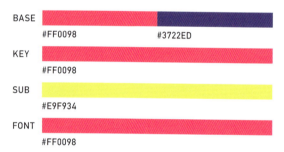

BASE　#FF0098　#3722ED
KEY　#FF0098
SUB　#E9F934
FONT　#FF0098

架空のミュージックレーベルを想定したサイトでは、鮮やかなピンクとブルーを基調にし、サブカラーには明るいイエローを使用しています。フォントカラーにもピンクを採用することで、統一感を持たせています。この配色により、視覚的に強いインパクトを与えつつ、アート作品の魅力を効果的に引き立てています。

TOTETOT RECORDS - A fictional music label
https://totetot.tote.co.jp/

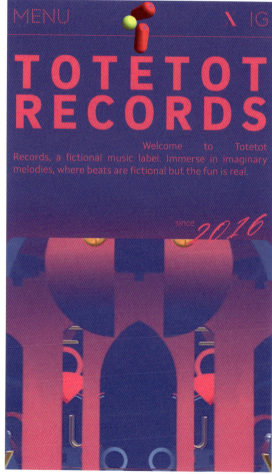

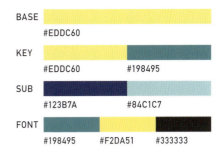

PARAMOUNT 2024 Open air party
https://paramount-jp.net/

イベントサイトらしく、華やかでエネルギッシュな配色

ベースカラーに温かみのあるイエローを使用し、キーカラーには落ち着いたダークグリーンを採用することで、イベント用イラストの配色に合った告知サイトになっています。サブカラーにはダークブルーや淡いブルーが用いられ、フォントカラーもこれらの色を活用することで統一感を出しています。鮮やかでエネルギッシュな配色が、イベントの活気を一層引き立てています。

HAPPENING by group_inou
https://ac-bu.info/happening/

遊び心あふれるミュージシャンコンテンツ

ベースカラーに柔らかいベージュを使用し、キーカラーに深みのあるパープルを採用しています。音源コンテンツページには、カラオケのような文字の変化に明るいピンクが用いられ、フォントカラーもパープルで統一されています。この配色により、遊び心とプロフェッショナリズムが見事に融合したデザインが実現されています。また、このサイトは配色テーマを切り替えることができますが、どのテーマでも3つのカラーの組み合わせが活かされています。

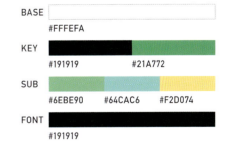

Paul McCartney
https://www.paulmccartney.com/

シンプルでエレガントなカラー設計

ベースカラーに薄いクリーム色を使用し、キーカラーには深いブラックとエメラルドグリーンを採用しています。メディアサイトのような構成で、サブカラーには柔らかなグリーン系とゴールドが使われ、フォントカラーもブラックで統一されています。カラーハーモニーが保たれており、シンプルながらも上品で統一感のある配色が特徴です。これにより、コンテンツの視認性を高めつつ、落ち着いた雰囲気を醸し出しています。

15 プロモーションサイト③ 教育・公共機関

PROMOTION SITE

プロモーションサイトには、華やかな色使いのロゴが多く見られ、そのロゴカラーを基に配色設計を行なっているサイトも多数存在します。

教育・公共機関のサイトであっても、色を多用して賑やかな印象を与えたり、シンプルな色構成にして写真のカラーを活かしたデザインにしたりと、各サイトの目的に合わせた工夫が施されています。

このように、配色設計によってそれぞれのサイトの特徴や魅力を引き立てています。

Color Palette
#0F0401　#272724　#2E2625
#3046BB　#47BCC6　#16B2FE
#4864AF　#6FBA2C　#5ECDCE
#ABCD00　#ED3F43　#EE763B
#F29A76　#FFE102　#EBE9DF

爽やかさと軽快さを意識したカラー配色

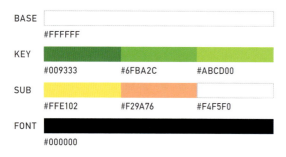

BASE　#FFFFFF
KEY　#009333　#6FBA2C　#ABCD00
SUB　#FFE102　#F29A76　#F4F5F0
FONT　#000000

100周年記念のロゴカラーを基に、葉のイラストを各ページに散りばめ、キーカラーとして使用することでサイト全体のトーンを統一しています。ロゴのテクスチャをあしらいや背景に取り入れることで、柔らかい印象を与えています。また、葉を散りばめることで風の爽やかさを表現し、そこにイエローのアクセントを加えることで軽快さを演出しています。このようなデザインで、サイト全体に統一感と動きを持たせています。

学校法人四條畷学園創立100周年記念サイト
https://next100.shijonawate-gakuen.ac.jp/

MIND of NIHON UNIVERSITY ひとりを尊ぶ、
ひとつにもなれる。
https://www.nihon-u.ac.jp/mind/

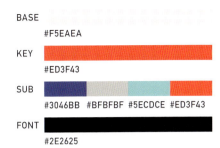

BASE
#F5EAEA

KEY
#ED3F43

SUB
#3046BB #BFBFBF #5ECDCE #ED3F43

FONT
#2E2625

配色とイラストアニメーションで落ち着きと活気を表現

温かみや心地よさを感じる落ち着いたトーンの中で、レッドとブルーなどのキーカラーがサイトに活力をもたらしています。フォントカラーではダークグレーが採用されており、読みやすさに配慮されながらもデザインの統一感を保っています。各セクションでは色彩を活用して、視覚的にも情報の優先度を明確に示し、ユーザーが情報を効率的に把握できるよう配慮された配色設計となっています。

介護施設の防災・減災ガイド
https://bousai-fukushi.org/

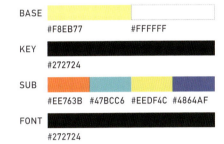

BASE
#F8EB77 #FFFFFF

KEY
#272724

SUB
#EE763B #47BCC6 #EEDF4C #4864AF

FONT
#272724

高視認性配色を活かした防災・減災サイト

ベースカラーにイエローを設定し、視認性が高く注意を引くイエローとブラックを巧みに活用しています。これにより、介護施設の防災・減災というシビアなテーマを扱いつつも、柔らかい色味と色彩豊かなイラストを用いて防災意識を喚起しています。アクセシビリティに細かく配慮されながらも、ユーザーにとって親しみやすい印象を与えています。

Dramatic Campus｜神戸学院大学
https://www.kobegakuin.ac.jp/special/dramaticcampus/

BASE
#FFFFFF

KEY
#16B2FE

SUB
#D5F0FF #FFFFFF

FONT
#0F0401

爽やかで清潔感あふれるカラー設計

白をベースカラーに、鮮やかなブルーをキーカラーとして使用しています。ポイントで淡いライトブルーとホワイトが使われ、全体に清潔感と爽やかさを演出しています。フォントカラーにはダークブラウンを採用し、視認性を高めています。キャンパスのギャラリーサイトらしく、写真を活かした配色になっており、このバランスにより、見やすく親しみやすいデザインが実現されています。

16 プロモーションサイト④ 地域

CORPORATE SITE

ここで紹介している地域のプロモーションサイトでは、最も見せたいポイントを明確にし、それを活かした色使いが行なわれています。

各地域を魅力的にアピールする工夫が凝らされ、その地域の特徴を効果的に伝えています。このような工夫により、まだ知られていない魅力的なエリアを多くの人々に発見してもらうことが目指されています。地域の魅力を最大限に引き出すためのカラー設計が重要な鍵となります。

Color Palette

#000000	#212121	#3A3E33
#A2ADB3	#EA5533	#2EB26A
#A4D06A	#78C5E8	#F8B957
#F09DA5	#E1F3C8	#EDF5DD
#FDF9DD	#FBFFF3	#FFFFFF

彩度の低いグリーン系で統一された懐かしさを感じるカラー設計

- BASE #FBFFF3
- KEY #3A3E33
- SUB #EDF5DD
- FONT #3A3E33

彩度の低いグリーン系3色で構成され、懐かしいふるさとを感じさせるカラー設計です。多くは視認性の高いブラック系フォントが使われるなか、こちらのWebサイトではフォントにも彩度の低いダークグリーンを使用し、全体のイメージを一貫させています。この工夫により、サイト全体に統一感と落ち着きが生まれています。

きこえるいわて
https://iwatetown-sdgs.jp/

みつける。だから感動する。信州の鎌倉、塩田平。
https://japan-heritage-ueda.com/

BASE #F8F8F8
KEY #212121
SUB #FAF7F0 #EFEEE9
FONT #212121

写真を主役にしたシンプルで効果的な観光誘致サイト

地域の観光誘致のために作られたこのWebサイトは、基本的な色を最小限に抑え、写真をメインに見せることで地域の魅力を最大限に引き出しています。色で魅せるのではなく、写真と文章というシンプルな構成の中で、全ページを通してレイアウトに工夫を凝らすことで、色味を最小限に抑えつつも飽きを感じさせないデザインを実現しています。このアプローチにより、視覚的な統一感と地域の魅力が効果的に伝えられます。

ごせのね｜御所市のプロモーションサイト
https://gosenone.com/

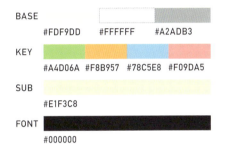

BASE #FDF9DD #FFFFFF #A2ADB3
KEY #A4D06A #F8B957 #78C5E8 #F09DA5
SUB #E1F3C8
FONT #000000

異なるカラーテーマと遊び心のあるデザイン

ベージュと温かみのある油絵風の町並みから始まり、各ページで異なるカラーテーマとポイントのあしらいを用いることで、それぞれの内容を瞬時に把握できる設計がなされています。さらに、下層ページのスクロールバーでは、カラーテーマに合わせた色に変わるギミックも加わり、細部に遊び心を感じさせるデザインとなっています。

全国こけし祭り｜「こけしのまち」に日本各地の伝統こけしが勢ぞろい
https://kokeshimatsuri.com/

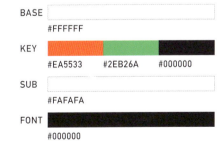

BASE #FFFFFF
KEY #EA5533 #2EB26A #000000
SUB #FAFAFA
FONT #000000

こけしをカラーと動きでポップに楽しく

こけしのイラストに使用されているカラーを基にキーカラーを設定しています。下層ページではポイントカラーとしてレッドを使用し、全体的にブラックをメインとしたシンプルな配色を採用しています。しかし、メニューを開いたときのイラストやトップページで動く小さなこけしによって、賑やかさとシンプルさのバランスが取れ、こけしのかわいさや魅力がポップに表現されています。この工夫により、サイト全体に動きと楽しさが加わっています。

採用サイト① IT

RECRUITING SITE

ここで紹介しているIT企業の採用サイトは、活気を感じる多彩な色使いのサイトと、企業カラーを基調とした限定色のサイトに大別されています。どちらも色の使い方にカラールールを設定し、与えたい印象を効果的に表現しています。

カラフルなデザインのサイトでも、自由に色を使う部分とカラールールを守る部分を分けることで、遊び心を持たせつつ、重要なコンテンツを引き立てています。

このように、色彩設計に工夫を凝らすことで、魅力的なサイトを実現しています。

Color Palette

#000000　#1F1E1B　#281FD7
#D70D18　#3F89C5　#65A1D1
#004E98　#32A0F0　#3AD9DD
#FF795F　#FF87DF　#FFE541
#97E9F7　#FBFBFB　#FFFFFF

彩度の高いキービジュアルと柔らかいブルーが調和した活気あるサイト

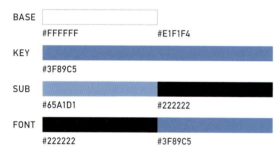

BASE　#FFFFFF　#E1F1F4
KEY　#3F89C5
SUB　#65A1D1　#222222
FONT　#222222　#3F89C5

キービジュアルに彩度の高い色を取り入れ、全ページのヘッダーとフッターに配置することで、サイト全体に活気をもたらしています。一方、コンテンツ部分は柔らかいブルーを基調とし、内容の視認性を妨げないよう配慮されています。この配色により、サイトは動的で魅力的な印象を与えつつ、ユーザーフレンドリーなデザインを実現しています。

新卒採用サイト｜レバレジーズ
https://recruit.leverages.jp/recruit/graduates/

株式会社SmartHR 採用サイト
https://recruit.smarthr.co.jp/

BASE	#FFFFFF	
KEY	#00C4CC #D4F4F5 #FFEE11 #88EAF6	
FONT	#23221F	

爽やかなブルーとイエローが映えるクリーンで明るいデザイン

ロゴカラーに合わせた爽やかで明度の高いブルーを基調とし、寒色系をメインに展開しています。この配色はサイト全体のデザインに取り入れられており、アイコンや図版にもふんだんに使用されています。また、差し色としてイエローを加えることで、さらに明るい印象を与え、クリーンで明るく柔らかい雰囲気を作り出しています。

NII Recruit 2025 - 日本情報産業株式会社 新卒採用
https://www.nii.co.jp/2025recruit/index.html

BASE	#FFFFFF	
KEY	#FEF14C #7B01FF	
SUB	#FF795F #7B01FF #21BCFF #EF363A	
FONT	#000000 #32A0F0	

ページごとの異なるカラーテーマと遊び心のあるデザイン

この採用サイトは、ページごとに異なるカラーテーマが設定されています。各ページには彩度の高い多彩なカラーが使用され、文章やタイトルの背景色にも遊び心が加えられています。基本的なデザインシェイプとして丸を採用し、その丸や各ページの背景色に大胆な色を取り入れることで、サイト全体にワクワク感やポップな印象を与えています。多様な色を使いながらも、共通のカラールールを守り、サイト全体のトーンを統一しています。

中途採用 | 採用情報 | Sansan株式会社
https://jp.corp-sansan.com/recruit/midcareer/

BASE	#FBFBFB	
KEY	#004E98 #D70D18	
SUB	#EBEBEB #EFF3F8 #000000	
FONT	#000000 #004E98	

ロゴカラーと柔らかい青で企業イメージを強調したデザイン

コーポレートカラーの青と赤をキーカラーに使用し、無彩色と組み合わせて際立てることで、コーポレートブランディングと繋がりを持たせた配色が効果的に行なわれています。セクション背景やリンクボタンには柔らかい青を使用し、単調なデザインを避けながら、サイト全体にアクセントを加えています。この配色により、プロフェッショナルでありながらも親しみやすい印象を与えるデザインが実現されています。

18 RECRUITING SITE
採用サイト② 金融

金融関係の採用サイトは、信頼感を強調するために青を基調としています。青は信頼と安定を象徴し、クリーンな色彩と組み合わせることで親しみやすい印象を与えます。

さらに、視線誘導の工夫として色の使い方にこだわり、動くアニメーションを加えることで、各セクションへの注目を効果的に集めています。

Color Palette

#000000	#0F0058	#3700FF
#231815	#323232	#001919
#3700FF	#161AAA	#2864F0
#4B67A7	#FF3364	#FF6D41
#AAD800	#D5E7F6	#F3F3F3

明るいブルーを基調にしたクリーンで親しみやすい採用サイト

BASE #FFFFFF
KEY #2864F0
SUB #EBF3FF
FONT #323232

ロゴカラーである明度の高いブルーを基調とし、クリーンな美的感覚を持つ配色が特徴です。手書きイラストをポイントに加えることで、ポップな色合いが加わり、クリアなブルーとホワイトの余白が意識されたデザインが、モダンで親しみやすい印象を与えています。

採用情報｜フリー株式会社
https://jobs.freee.co.jp/

みずほFG 採用情報サイト
https://www.mizuho-fg.co.jp/saiyou/index.html

BASE
#FFFFFF

KEY
#3700FF　#FF3264

SUB
#F3F3F3

FONT
#3700FF　#0F0058

反対色を上手く使った、効果的な視線誘導

重要なコピーやエントリーボタン、鳥を暖色系のピンクで強調し、それ以外の要素を寒色系でまとめることで、ピンクへの視線誘導を容易にしています。さらに、スクロール時に鳥が各セクションに止まるアニメーションを追加することで、ユーザーの視線を効果的に各コンテンツへ誘導します。

新卒採用サイト|静岡銀行
https://www.shizuokabank.co.jp/recruitment/shinsotsu/

BASE
#FFFFFF

KEY
#019FE8

SUB
#0DD792　#FF6D41　#AAD800　#000000

FONT
#231815

色彩豊かで視覚的なアクセントが特徴

信頼感と安定感を象徴する柔らかいブルーをキーカラーとして使用し、視覚的なアクセントとして彩度の高いカラーアイコンを採用しています。社員紹介の背景にも多様な色を使用し、元気で活気あるイメージを強調しています。これにより、全体として色彩豊かで視覚的に魅力的なデザインが実現されています。

オリックス銀行 Career Recruiting Site
https://www.orixbank.co.jp/aboutus/recruit/mid-career/

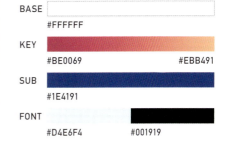

BASE
#FFFFFF

KEY
#BE0069　#EBB491

SUB
#1E4191

FONT
#D4E6F4　#001919

螺旋が与えるダイナミックな印象

キービジュアルでは、信頼感とプロフェッショナリズムを表現するダークブルーのグラデーションが使用され、そこからやる気や元気を感じさせるオレンジピンクの螺旋ラインが飛び出すデザインとなっています。ビジュアルからコンテンツまでつながるこの螺旋デザインは、コピーを補完する役割を果たしています。ページの各セクションにおいて、ラインが動き出し、キービジュアルから写真に至るまで、やる気がサイト全体に広がる表現がされています。

RECRUITING SITE
採用サイト③ 不動産

不動産業界の採用サイトには、建物や街の写真をメインビジュアルに構成されたサイトのほか、多様なカラーで彩られたサイトも多く見られます。

社員の活気や企業の印象を伝えるために象徴的なカラーを使用するなど、サイトごとに異なる目的に応じてカラーリングが工夫されています。企業が応募者に対して伝えたいメッセージを明確にし、効果的に伝えられる配色を考えることが重要です。

Color Palette

#000000　#0B2206　#023A90
#1CB8CE　#255720　#2C2C2C
#494948　#E94728　#48A63F
#687891　#A9CB03　#F1FDE0
#EDF2F8　#FBFAF6　#FFFFFF

配色のバランスで品のある採用サイトへ

BASE　#F8F8F8
KEY　#2C2C2C
SUB　#FBFAF6
FONT　#2C2C2C

こちらの採用サイトは、写真をメインにし、ベースカラーのベージュとポイントカラーのブラックでシックにまとめられています。ベージュを全体に使うことで柔らかい印象を与え、ブラックを少量に抑えることで、配色のバランスを整えています。これにより、老舗の不動産会社としての威厳と品格が感じられます。また、社員の写真や不動産らしい街の写真を引き立てる効果も持たせています。

キャリア採用情報｜三井不動産株式会社
https://recruit.mitsuifudosan.co.jp/career/

東急不動産株式会社｜Recruit Site｜新卒採用サイト
https://www.tokyu-land.co.jp/recruit/graduate/

BASE	#48A63F	#A9CB03
SUB	#F1FDE0	
FONT	#F1FDE0　#255720　#48A63F　#0B2206		

濃度の異なる同系色を上手に使った効果的な見せ方

さまざまな濃度のグリーンを使用してコントラストを出し、色味に飽きのこないデザインを実現しています。下層ページのコンテンツ部分ではライトグリーンを背景に使用し、トップページやエントリーページの動線セクションではダークグリーンを背景に使用することで、それぞれの見せ場を考慮した色分けをしています。これにより、視覚的なバランスを保ちつつ、効果的な見せ方が可能となっています。

藤和ハウス 採用サイト
https://recruit.towa-house.com/

BASE	#FFFFFF	
KEY	#023A90	
SUB	#687891	#EDF2F8
FONT	#2C2B28	#023A90

見せたい社員の顔を活かすポイントの色使い

白をベースにポイントで濃い青を使い、社員の顔を大きく紹介することで、堅実に仕事に向き合う社員の目線を引きつけています。コンテンツの多いセクションでは、レイアウトや色使いを工夫し、見やすい構成を実現しています。これにより、大企業の信頼性と親しみやすさを両立させたデザインとなっています。

戸田建設株式会社新卒採用サイト
TODA RECRUIT SITE
https://www.toda.co.jp/recruit/fresh/

BASE	#F5EBDD	#FFFFFF	
KEY	#E94728	#1CB8CE	#494948
SUB	#000000	#E8F8FA	
FONT	#000000		

ロゴカラーの色使いを上手に活用した採用サイト

色彩豊かなロゴカラーをキーカラーとして活用し、明るく活気のある雰囲気を作り出しています。カラフルな色使いをキーカラーにする一方で、サイトのベースにはホワイトとベージュを使用し、コンテンツの視認性を損なわないよう工夫されています。このバランスの取れた配色により、サイト全体が調和し、魅力的なデザインが実現されています。

RECRUITING SITE
採用サイト④ エンタメ

エンタメ業界の採用サイトでは、明るい色やポップな色を使用することで、働きやすさや元気な印象を与えています。ただし、単に色を多用するのではなく、キーカラーをポイントで使うことでメリハリをつけています。これにより、元気な印象を与えつつ、バランスの取れた配色を実現しています。

こうした工夫によって、エンタメ業界らしい楽しそうなイメージを応募者に訴求するデザインが施されています。

Color Palette

#000000	#262626	#2C2C2C
#005EEA	#006AA8	#0196D9
#0385F0	#00C0FA	#7AFFFF
#64FFB7	#FF6478	#FFDA00
#F5F5F5	#F4FAFD	#F1F1F1

柔らかい印象の中に、ポップさを表現する

BASE #EAE6E0
KEY #FF6478 #FFFFFF
SUB #2C2C2C
FONT #2C2C2C

こちらの民放テレビの採用Webサイトは、テレビ局のメインキャラクターの愛らしさを反映した柔らかいカラーを使用し、明るく親しみやすい印象を与えています。細部には複数の色を使い、活発で元気なパワフルさを表現。全体を通して働きやすさをイメージさせるデザインが特徴です。

名古屋テレビ【メ〜テレ】採用サイト
https://www.nagoyatv.com/saiyo/

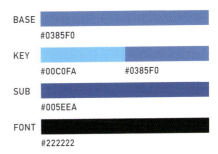

株式会社TVer 採用サイト
https://recruit.tver.co.jp/

BASE #0385F0
KEY #00C0FA / #0385F0
SUB #005EEA
FONT #222222

ロゴのグラデーションを効果的に使ってポップさを与える

民放公式テレビ配信サービス運営会社の採用Webサイトは、ロゴカラーを基調に爽やかな印象を与えています。ロゴのグラデーションをポイントに取り入れ、ポップで明るく、わくわくするような配色が特徴です。この工夫により、明るさと楽しさを感じさせるデザインが実現されています。

AMUSE RECRUIT 2025｜株式会社 アミューズ 採用サイト｜AMUSE INC. RECRUITMENT
https://recruit.amuse.co.jp/recruit2025/

BASE #F5F5F5
KEY #FFDA00
SUB #F1F1F1
FONT #262626

ロゴカラーをキーカラーとして上手に使用した展開例

アーティストを中心にコンテンツを創造する企業のWebサイトは、ロゴカラーを基調にしつつ、元気なビタミンカラーをキーカラーとして使用し、ベースカラーには落ち着いたトーンを採用しています。キーカラーは目を引く色であり、誘導カラーとして効果的に機能します。これにより、サイト全体に活気に満ちた印象を与えながら、視認性と誘導性を高めています。

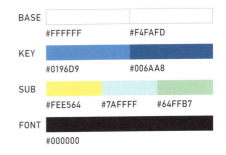

UUUM採用サイト
https://recruit.uuum.co.jp/

BASE #FFFFFF / #F4FAFD
KEY #0196D9 / #006AA8
SUB #FEE564 / #7AFFFF / #64FFB7
FONT #000000

人物に焦点を当てた採用サイトならではのカラー配色

クリエイティブコンテンツを得意とするこちらの会社の採用Webサイトは、ベースカラーとキーカラーを用いて人物にフォーカスした配色をしています。人物のイラストを色彩豊かに使い分けることで、視線の誘導が効果的に考えられたデザインとなっています。

21 PORTFOLIO SITE
ポートフォリオサイト

ポートフォリオサイトは、個性を前面に出すカラー展開が多く見られ、遊び心を大切にしたデザインが特徴です。配色面においても、自身のカラーを表現したり、携わった仕事を通じてオリジナリティを見せたり、ユーザーのセンス次第で受け取り方が変わるような配色が使われたりします。

クライアントワークのサイトではなく、作品を見せることが主眼にあるため、一般にあまりビビッドな色使いは行なわれません。

Color Palette

#000000	#0F0D0E	#2A2927
#884E00	#C3883A	#52A47E
#7D97B8	#CABFE0	#C0D3DF
#BD853C	#DFB255	#9EAF92
#A7B6B0	#EDE5DD	#E3E6E5

自身のカラーではなく、案件のカラーによって完成させる

BASE　#FFFFFF　#D4D4D4
FONT　#000000

こちらのフリーランスデザイナーのポートフォリオサイトは、ベーシックカラーを基調にしつつ、各実績に応じたカラー配色を施しています。これにより、自身のカラーを控えめにしながらも、案件ごとに異なる色合いを見せることができます。この方法で、多様なWebサイトの実績を色彩で効果的に表現しています。

YUKI OKADA - Web & Graphic Design≈Web Development
https://ykukd.com/

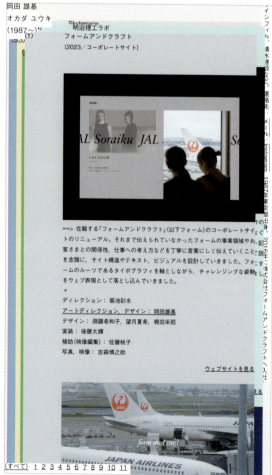

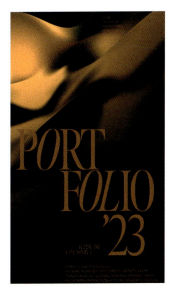

KATSUAKI UTSUNOMIYA - PORTFOLIO '23
https://katsuakiutsunomiya.com/

BASE #000000
KEY #884E00
SUB #C3883A #FFFFFF
FONT #884E00

少ない配色でも表現方法によって艶やかな印象へ

こちらのヴィジュアルデザイナーのポートフォリオサイトは、限られた配色で構成しつつ、グラデーションを用いることで表現の幅を広げ、艶やかな印象を与えています。実績一覧にはモノクロ写真を使用し、多様な実績の印象を統一しながら、与えたい印象をコントロールしています。これによりサイト全体が洗練され、視覚的に引き締まったデザインが実現されています。

Kenta Toshikura
https://kentatoshikura.com/

BASE #0F0D0E
KEY #E3E6E6
SUB #CABFE0 #C0D3DF
FONT #E3E6E6

見せたいポイントを効果的に魅せる配色

こちらのフロントエンドエンジニアのポートフォリオサイトは、ブラックをベースに明るい反対色のグラデーションをキーカラーとして使用しています。この配色により、3Dオブジェクトやアニメーションの動きを効果的に見せることができます。色を極力抑えることで、見せたいポイントのコントラストを強調し、視覚的にインパクトのあるデザインを実現しています。

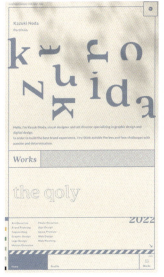

Kazuki Noda Portfolio
https://kazukinoda.com/

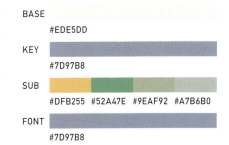

BASE #EDE5DD
KEY #7D97B8
SUB #DFB255 #52A47E #9EAF92 #A7B6B0
FONT #7D97B8

カラーチップ使用で遊び心をくすぐる

こちらのアートディレクターのポートフォリオサイトでは、カラーチップをクリックすることでキーカラーを自分好みに変更できる遊び心があります。キーカラーを変更してもデザインに影響が出ないよう、ベースカラーには落ち着いたベージュを使用。この工夫により、サイト全体の印象を変えつつも、統一感を保ち、回遊性を高めています。ポートフォリオサイトならではの最大限の遊びを加えることで、訪問者に魅力的な体験を提供します。

List of Websites 掲載サイトリスト

CHAPTER 1

01
CX(顧客体験)プラットフォーム【KARTE(カルテ)】
株式会社プレイド
https://karte.io/

【公式】次世代型テレマティクスサービス-LINKEETH(リンキース)
NTTコミュニケーションズ株式会社
https://www.ntt.com/business/services/linkeeth/lp/linkeeth.html

リクルートサイト | AJ・Flat株式会社
https://ajflat.co.jp/recruit_site/

やまのみ保育園 | 福岡県福岡市の保育園
社会福祉法人優和会
https://yamanomi-hoiku.com/

株式会社メルカリ
https://about.mercari.com/

株式会社メルカリ - 採用情報
https://careers.mercari.com/jp/

04
ソルー株式会社 | WEBマーケティングの力で爆発的成果をもたらす会社
https://solu.co.jp/

ヘルスケアアプリ『みんなの家庭の医学』サービスサイト
株式会社保健同人フロンティア
https://service.kateinoigaku.jp/index.html

Digital Archive of HOLO Museum PUNCH
https://holo.punchred.xyz/
制作：Keita Yamada

榎本調剤薬局 | 立川駅、西立川駅の調剤薬局
株式会社榎本調剤薬局
https://enomoto-pharmacy.com/

メトロアドエージェンシー 新卒採用サイト
株式会社メトロアドエージェンシー
https://maa-recruit.jp/

Queen Garnet
https://www.queengarnet.com/

化粧筆専門店 京都六角館さくら堂
村岸産業株式会社
https://www.rokkakukan-sakurado.com/

FunTech inc.
FunTech株式会社
https://www.funtech.inc/ja

原宿サン・アド - Harajuku Sun-Ad
株式会社原宿サン・アド
https://h-sunad.co.jp/

Kōzōwood
https://kozowood.com/en

NATOCO - ナトコ株式会社
https://www.natoco.co.jp/

monopo NYC
https://monopo.nyc/

07
食菜卵(しょくさいらん) - たまごの八千代ポートリー
株式会社八千代ポートリー
https://www.yachiyo-egg.com/

サステナブルな社会へ from Benesse
株式会社ベネッセホールディングス
https://www.benesse.co.jp/brand/

CHAPTER 2

01
丸の内イノベーションパートナーズ株式会社
https://marunouchi-innovation.com/

melt [メルト] | 休息美容 休みながら美しく
花王株式会社
https://meltbeauty.jp/

FruOats(フルオーツ) - ヴィーガン&グルテンフリークッキー
株式会社フルオーツ
https://shop.fruoats.jp/

Blue Yonder Property Group (BYPG) - Austin, TX
https://www.bypg.com/

02
神奈川・東京・埼玉のタクシー、ハイヤー会社なら三和交通
三和交通株式会社
https://www.sanwakoutsu.co.jp/

Dickies with LOWRYS FARM
株式会社アダストリア
https://www.dot-st.com/lowrysfarm/cp/dickies_2024ss

宅トラ | 宅配型トランクルームで何もせずに速攻!お部屋スッキリ!
株式会社クオリティライフ・コンシェルジュ
https://www.takutora.net/

RINGO アイスバー | ICE BAR
株式会社BAKE
https://ringo-applepie.com/lp/icebar/

03
uniam(ユニアム) - 獣医師・栄養士監修ねこ専門のフレッシュフード
株式会社uniam
https://uniam.jp/

Large Diversity Songs | L&PEACE | フォーエル
はるやま商事株式会社
https://foel.jp/contents/foel/promotion/peace/autumn-winter/2022/

TALENT PRENEUR(タレントプレナー)
株式会社TALENT
https://talent-preneur.jp/
デザイン：高野菜々子 / イラスト：サンレモ

札幌のホームページ制作・Webサイト制作
株式会社GEAR8
https://gggggggg.jp/

04
Olha Uzhykova. Design Director | UI/UX Consultant | Mentor
https://olhauzhykova.com/

Yagi laboratory
東京大学エネルギー貯蔵材料工学研究室
https://www.yagi.iis.u-tokyo.ac.jp/

Notorious Nooch Co.
https://notoriousnooch.co/

Vacation® The World's Best-Smelling Sunscreen
https://www.vacation.inc/

05
Avantt Typeface
https://avantt.displaay.net/

Dragonfly
https://www.dragonfly.xyz/

NEWFOLK
株式会社NEW FOLK
https://newfolk.jp/

LANWAY Inc.
株式会社ランウェイ
https://lanway.jp/

06
Renxa Recruit Site | Renxa株式会社 採用サイト
https://recruit.renxa.co.jp/

情報科学芸術大学院大学 [IAMAS]
https://www.iamas.ac.jp/
制作：赤羽亨(IAMAS) / 伊藤晶子(IAMAS) / 京野朗子(株式会社FLAME) / 三宅太門 / 大総佑馬(株式会社ソウルメイツインタラクティブ)

株式会社大気社 新卒採用サイト
https://www.taikisha.co.jp/recruit/

あなたのとなりの明電舎 | 明電舎
株式会社明電舎
https://www.meidensha.co.jp/knowledge/takingaction/anatanotonari/

07
バイオリン工房 Studio Mora Mora
https://studio-moramora.com/

Journal du ete
https://www.eteweb.com/journalduete/

BAKE INC.
株式会社BAKE
https://bake-jp.com/

セイケンリノベーション株式会社コモド
https://sr-comodo.com/

08
LIBERATE 2nd Year Anniversary | We Are Neighbors
株式会社LIBERATE
https://liberate-group.com/2ndyear/

Homepage - Howdy Design Family
https://www.howdy.gr/

株式会社Gaudiy | ファンと共に、時代を進める。
株式会社Gaudiy
https://gaudiy.com/

NEWVIEW
STYLY, Inc.
https://newview.design/
制作：STYLY/NEWVIEW、Ryohei Kaneda (YES)

09
【公式】CLEND(クレンド)
ボトルワークス株式会社
https://clend.jp/

パシフィックリーグマーケティング株式会社 (PLM)
https://www.pacificleague.jp/

君二問フ
一般社団法人VOICE
https://kiminitou.com/

こめやかたの杵つき男もち女もち
こめやかたエネルギーのサカイ坂井陽一郎
https://komeyakata.com/

10
IDENTITY Inc.
株式会社IDENTITY
https://identity.city/

五感拡張型クリエイティブ制作室「TATELab.(たてラボ)」
株式会社スキーマ
https://tate-lab.com/

Angelica Michelle
株式会社ネクストリンク
https://angelica-michelle.com/

Pablo Farias
https://www.fariasviolins.com/

11
CIRCUS Shanghai | 中国市場専門の広告代理店・販売代理店
株式会社CIRCUS
https://china.circus-inc.com/

軽くて暖かい、そして洗える。ライトウォームアウターシリーズ | グローバルワーク (GLOBAL WORK)
株式会社アダストリア
https://www.globalwork.jp/men/2023aw_lightwarm_outerseries/

長崎県大村市の皮膚科・小児皮膚科・美容皮膚科 | 上田皮膚科
https://uedahifuka-beauty.com/

O'shane Howard
https://www.oshanehoward.com/

12
umiral(ウミラル)：にがり浴でここち良く
仁尾興産株式会社
https://umiral.jp/

Magma
https://thisismagma.com/

groxi株式会社採用サイト
https://recruit.groxi.jp/

新卒採用サイト | INTLOOOP株式会社
https://www.intloop.com/recruit/grad/

13
5IVE GROUP | "楽しい"でつながる世界をつくる飲食カンパニー 株式会社ファイブグループ
https://five-group.co.jp/

Kanak Naturals | Sustainable Packaging & Products
https://www.kanaknaturals.com/

Bienvenido a Sede Blockchain
https://sedeblockchain.com/

Color Nine Oriental Medical Clinic
http://colornine.co.kr/

14
軽井沢の建築事務所 one it | 別荘・住宅の建築設計・施工、リフォーム
株式会社one it
https://oneit.co.jp/

The Happy Few
https://www.thehappyfew.agency/

TechFlag | ゲーム・ソフトウェア開発の自動化・効率化
株式会社テックフラッグ
https://www.tech-flag.co.jp/

All Natural Ingredients Pet Products | Bell & Collar
https://bellncollar.com/

CHAPTER 3

01
Oops(ウープス) - いろんな診療、ぜんぶオンラインで・
株式会社 SQUIZ
https://oops-jp.com/

GO!PEACE! | フェリシモ
株式会社フェリシモ
https://www.felissimo.co.jp/gopeace/

株式会社日本テレビアート | スペースデザイン・グラフィックデザイン・Webデザイン
https://ntvart.co.jp

KNOT
https://knot-voice.jp/

02
FRIXION SYNERGY KNOCK | PILOT
株式会社パイロットコーポレーション
https://pilot-frixion-synergy.jp/

Digital Garage Tech Career - デジタルガレージ
株式会社デジタルガレージ
https://tech.garage.co.jp/

株式会社freemova | 東京都渋谷区にある20代の若手人材に特化した人材紹介会社
https://freemova.com/

Earthboat | 地球を肌で感じる、新しいグランピング
株式会社アースボート
https://earthboat.jp/

03
pielafeur パイラフール | パイ専門店
株式会社ガトーミシェル

https://pie-lafeur.com/

BOTANIST | フレグランスコレクション'24
アイスピーチティーの香り
株式会社I-ne
https://botanistofficial.com/special/limited/summer/

しまなみブルワリー公式ブランドサイト
株式会社しまなみブルワリー
https://shimanami-brewery.com/

鯛のないたい焼き屋 OYOGE
https://oyogetaiyaki.com/

04
"上がるドライヤー"リフトドライヤー | ヤーマン公式通販サイト
ヤーマン株式会社
https://www.ya-man.com/products/lift-dryer3/

新専攻特設ページ | 神戸女学院大学 音楽学部音楽学科
https://m.kobe-c.ac.jp/newmajor/

Roaster
株式会社ロースター
https://roaster.co.jp/

Y'sデンタルクリニック（審美治療・部分矯正・精密歯科）| 名古屋・栄・歯科
https://www.ys-dc.jp/

05
FAS | ファス
株式会社シロク
https://fas-jp.com/?browsing=1

PLATE（プレート）| Food Graphic Magazine。- NEWTOWN
https://plate.newtown.tokyo/

U - Analogue Foundation
株式会社オーディオテクニカ
https://analoguefoundation.com/ja/

Cellato | セラート
株式会社OMER
https://cellato.tokyo/

06
H-7 HOUSE（エイチセブンハウス）
H-7 HOUSE合同会社
https://www.h7house.com/

HAKUHODO & HAKUHODO DY MEDIA PARTNERS RECRUIT
株式会社博報堂
https://hakusuku.jp/recruit/

NUTION - パーソルキャリア
パーソルキャリア株式会社
https://nution.persol-career.co.jp/
制作：株式会社Shhh

渋谷区公式サイト | 渋谷区ポータル
https://www.city.shibuya.tokyo.jp/

07
モンブラン | 福岡のブランディング会社
株式会社モンブラン
https://monf.jp/

フェリシモの基金活動 | フェリシモ
株式会社フェリシモ
https://www.felissimo.co.jp/gopeace/fundreport/

株式会社キュービック キャリア採用
https://cuebic.co.jp/recruit/careers/

ITエンジニアを目指せる就労移行支援サービス | Kiracu（きらく）
Kiracu株式会社
https://kiracu.co.jp/

08
株式会社寺田ニット | SEAMLESS KNIT FACTORY
https://terada-knit.co.jp/

YUKO TAKADA | 髙田 裕子 公式サイト
https://www.yukotakada-work.com/
制作：UNDERLINE

素材へのこだわり | IGNIS（イグニス）公式サイト
株式会社アルビオン
https://www.ignis.jp/contents/about/botanical/

植物の生命力を肌へ | BOTANIST SKINCARE EVER
株式会社I-ne
https://botanistofficial.com/special/skincare_ever/

09
Marginal Man
Wang Shuqiang
https://marginalman.net/

デジタルハリウッド大学
https://www.dhw.ac.jp/

nemuli 公式 | 横向き寝に特化したパーソナルマットレス
株式会社nemuli
https://nemuli.co.jp/

安田 佑子　Yuko Yasuda
https://yasudayuko.com/
制作：UNDERLINE

10
林士平のイナズマフラッシュ - 公式サイト
https://inazumaflash.com/

ACTION! | 東映 リクルートサイト
東映株式会社
https://www.toei.co.jp/recruit/fresh/

Stand Foundation Co.,ltd.
https://www.standfoundation.jp/

ドミセ | おどろき専門店
株式会社パン・パシフィック・インターナショナルホールディングス
https://www.ppihgroup.com/domise/

11
LAMM
株式会社LAMM
https://corp.lamm.tokyo/

雑貨屋HAPPENING
合同会社アタシ社
https://happening.store/

ブルーハムハム | BLUE HAMHAM Official
株式会社チョコレイト
https://bluehamham.com/
制作：株式会社LIG

KETAKUMA Official | けたくま公式
https://ketakuma.com/
制作：株式会社LIG

12
そでらぼ（ソーシャルデザインラボ）| サイボウズの課題解決実験
サイボウズ株式会社
https://cybozu.co.jp/sodelab/
制作：サイボウズ株式会社

レンズとカフェ LensPark（レンズパーク）
https://lens-park.com/

地域公共交通共創・MaaS実証プロジェクト
国土交通省
https://www.mlit.go.jp/sogoseisaku/transport/kyousou/

豆乳アイス、はじめました。
マルサンアイ株式会社
https://www.marusanai.co.jp/tonyu-ice/

13
いきかえる・いきなおす - いきいきと生きるソーシャルアクション
https://ikiiki-being.com/

Ctrlx（コントロールバイ）オフィシャルサイト
msh株式会社
https://ctrlx.jp/

TALENT LIFE(タレントライフ) | 多才で多彩な仲間とともに才能を見つけよう
株式会社TALENT
https://talent-life.jp/
デザイン：髙野菜々子／イラスト：サンレモ

Shardeum | EVM based Sharded Layer 1 Blockchain
https://shardeum.instawp.xyz/

14
SPRINAGE（スプリナージュ）オフィシャルサイト
株式会社アリミノ
https://sprinage.arimino.co.jp/

金沢市・東京のWeb制作・ホームページ制作会社 | 株式会社ニコットラボ
https://nicottolabo.info/

Shizuka Official Website
兎星 しずか
https://shizukatou22.com/

株式会社CRAZY(株式会社クレイジー) | CRAZY,Inc.
https://www.crazy.co.jp/

15
ZOOM —— 日本発のコンテンポラリーデザインペン
株式会社トンボ鉛筆
https://www.zoom-japan.com/

株式会社GA technologies - ジーエーテクノロジーズ
https://www.ga-tech.co.jp/

GO株式会社 脱炭素サービス『GX（グリーントランスフォーメーション）』公式サイト
https://go-gx.com/
制作：株式会社necco

NOOG | ノーグ
株式会社シンクロ
https://noog.jp/

16
SIRUP 5th Anniversary Special Site
株式会社 Styrism
https://sirup.online/5th/
design & art direction：谷井麻美（tote inc.）／ develop：山口国博（tote inc.）

蔵王温泉初レトロなソーダ専門店 TAKAYU ♨温泉パーラー
株式会社LABEL LINK
https://onsen-parlor.jp/

MIX & BLEND | 合同会社ミックスアンドブレンド
https://mixandblend.jp/

ANATOMICA
株式会社サーティーファイブサマーズ
https://anatomica.jp/

17
旅行代理店様向けお弁当注文ページ | 株式会社八百彦本店
https://www.yaohiko.co.jp/obento/

インディゴ白書 | 45R
45rpm studio co., ltd.
https://45r.jp/ja/indigo-hakusho/

八 by PRESS BUTTER SAND | 和と洋を越境するお菓子
株式会社BAKE
https://hachi.buttersand.com/

実相山 正覚寺 公式サイト
https://nakameguro-shogakuji.or.jp/

18
モノコトLab. | TKエンジニアリング株式会社
https://monokoto-lab.jp/

あおぞらワッペン | 歌とあそびとパントマイムの愉快な3人組
有限会社アスク・ミュージック
https://ask7.jp/aozora_wappen

きかせてジャーニー | 子どもの権利を学ぶワークショップ
NPO法人子どもアドボカシーセンター福岡
https://kikasete-journey.jp/

こどもさんかく歯科 | 武蔵小金井駅徒歩3分 小児歯科専門の歯医者です。
https://kodomo-sankaku.jp/

19
洛陽総合高等学校（学校法人 洛陽総合学院）100周年記念サイト
https://www.rakuyo.ed.jp/100th/

(公式)カワスイ アクア&アニマルスクール - 川崎水族館
株式会社MOFF
https://school.kawa-sui.com/

大竹高等専修学校 | 東京の調理師・美容師の高校
学校法人大竹学園
https://www.ohtake.ac.jp/

Dance is — 神戸・甲陽音楽&ダンス専門学校
学校法人コミュニケーションアート
https://www.music.ac.jp/dance/

20
1才のお誕生日を祝う一升餅 - 八百彦本店
株式会社八百彦本店
https://www.yaohiko.co.jp/isshoumochi/

フォスタリングカードキット TOKETA
一般財団法人福祉とデザイン
https://toketa.jp/

イーヨ 〜シングルマザーの子育て体験談〜
特定非営利活動法人しんぐるまざあず・ふぉーらむ
https://s-iiyo.com/

深沼うみのひろば
https://fukanuma-uminohiroba.jp/
アートディレクター：荒川 敬（BRANDING DESIGN BRIGHT）／ウェブデザイン・ディベロッパー：松浦隆治（Wa）／スチール・ムービー撮影：MOREDRAW

21
社会福祉法人 明照園 | 熊本県天草市の特別養護老人ホーム
https://meishoen.com/

Art for Well-being | 表現とケアとテクノロジーのこれから
一般財団法人たんぽぽの家
https://art-well-being.site/

湖山医療福祉グループ
https://www.koyama-gr.com/

社会福祉法人 慈楽福祉会
https://jiraku.or.jp/

22
アルバモス大阪 オフィシャルサイト
アルバモススポーツエンターテインメント株式会社
https://www.alvamososaka.com/
制作：アコーダー株式会社

PROMASTER 35th ANNIVERSARY - GO BEYOND - シチズン
シチズン時計株式会社
https://citizen.jp/promaster/35th/index.html

株式会社川本鉄工所
https://kawamoto-tekko.co.jp/

「サンテFX × 山口一郎」特設サイト「そうだ、その目だ。」
参天製薬株式会社
https://www.santen.co.jp/healthcare/eye/products/brand/sante_fx/ichiroyamaguchi

23
イロップ | パーソナルカラーケア
株式会社イロップ
https://irop.jp/shop

OPERA（オペラ）| コスメティック[公式]
イミュ株式会社
https://www.opera-net.jp/

2023秋冬限定ドライヤーとヘアアイロン | SALONIA（サロニア）公式サイト
株式会社I-ne
https://salonia.jp/limited/autumn2023/

福岡市中央区 産科・婦人科 東野産婦人科
https://www.toono.or.jp/

157

CHAPTER 4

01
京都市伏見・山科・醍醐地区 小野幼稚園
https://www.onoyou.jp/

京都大学 大学院医学研究科 社会健康医学系専攻 臨床統計家育成コース
https://www.cbc.med.kyoto-u.ac.jp/

専門学校ビジョナリーアーツ 東京校｜製菓カフェ ペット 専門学校
学校法人 安達文化学園専門学校ビジョナリーアーツ
https://www.va-t.ac.jp/

西伊丹幼稚園・認定こども園 西伊丹保育園
https://nishi-itami-k.ed.jp/

02
スゴロックス｜対戦ゲームでつながりをつくる企画プロデュースカンパニー
スゴロックス株式会社
https://sugorocks.com/

DNP INNOVATION PORT-大日本印刷株式会社
https://www.dnp-innovationport.com/

株式会社High Link
https://high-link.co.jp/

アドフレックス｜デジタルマーケティング・DX支援
株式会社アドフレックス・コミュニケーションズ
https://www.ad-flex.com/

03
吉川化成株式会社｜コーポレートサイト
https://www.ypc-g.com/

宮本金型製作所｜金型の設計・製造
株式会社宮本金型製作所
https://www.miyamoto-kanagata.co.jp/

株式会社HA-RU｜島根のダクト・保温工事
https://ha-ru2017.co.jp/

株式会社翔陽｜アルミ合金鋳・砂型鋳物・金型鋳物
https://syoyo-al.co.jp/

04
株式会社 サン建築設計 コーポレートサイト
https://sun-arc.co.jp/
制作：株式会社Gear8

株式会社パートナーズ
https://partners-re.co.jp/

株式会社工匠
https://koushou-inc.com/

株式会社ONE RED（ワンレッド）｜不動産ビジネスのお客様の課題解決を、共に伴走する。
https://onered.jp/

05
SHIPS MAG - SHIPS WEB MAGAZINE
株式会社シップス
https://www.shipsltd.co.jp/shipsmag/

BEAMS SPORTS｜ワタシにとっての、スポーツがある
株式会社ビームス
https://www.beams.co.jp/special/beams_sports/

ニコアンド（niko and ...）オフィシャルブランドサイト
株式会社アダストリア
https://www.nikoand.jp/

ブルータス｜BRUTUS.jp
株式会社マガジンハウス
https://brutus.jp/

06
ホテル・旅館のお仕事探し｜もしも、この宿ではたらいたら
株式会社咲楽
https://moshiyado.com/

JP Startups（ジャパスタ）｜スタートアップを紹介・応援するメディア
プロトスター株式会社
https://jp-startup.jp/

HAKONATURE
小田急電鉄株式会社、UDS株式会社
hakonature.jp/

HITOTOKI by 旅する2人
https://hitotoki-hotel.com/

07
STUDY IN SHIZUOKA
ふじのくに地域・大学コンソーシアム
https://studyinshizuoka.jp/

いいけん、島根県｜誰もが、誰かの、たからもの。
https://www.kurashimanet.jp/iikenshimaneken/

しるくるとみおか 富岡製糸場 富岡市観光 公式ホームページ
富岡市観光協会
https://www.tomioka-silk.jp/

東京都観光データカタログ
https://data.tourism.metro.tokyo.lg.jp/
東京都産業労働局

08
Career Palette（キャリアパレット）｜神戸女子大学・神戸女子短期大学
https://career-palette.kobe-wu.ac.jp/

難治性血管腫・血管奇形薬物療法研究班情報サイト｜AMED小関班運営
https://cure-vas.jp/

Harmonies with KUMON｜子育て家族の毎日に、新しい発見を届ける
株式会社公文教育研究会
https://harmonies.kumon.ne.jp/

在校生、卒業生、先生が福岡医健の魅力を伝えるWEBマガジン
福岡医健・スポーツ専門学校
https://www.iken.ac.jp/media/

09
dōzo – SNSで贈れるソーシャルギフト《どーぞ》
株式会社大和
https://dozo-gift.com/

ZANE ARTS
株式会社ゼインアーツ
https://zanearts.com/

「日々考える人」の毎日に最高の眠りを届ける寝具の通販サイト｜ミネルヴァスリープ
株式会社出口化成
https://minerva-sleep.jp/

Creative Tools for Endless Imagination & Woset
株式会社Woset
https://woset.world/ja

10
nomca! ノンアルコールフルーツシロップ
NOMCA Inc.
https://nomca.jp/

GOOD NEWSオンラインショップ
株式会社GOOD NEWS
https://www.goodnews-shop.com/

一合瓶の日本酒専門店 きょうの日本酒
きょうの日本酒株式会社
https://kyouno.jp/

【公式】芽吹き屋 オンラインショップ｜粉屋が作る、もちとだんご。
岩手阿部製粉株式会社
https://www.mebukiya.co.jp/

11
Goldwin Online Store - ゴールドウインオンラインストア
株式会社ゴールドウィン
https://www.goldwin.co.jp/store/

RUSTIC（ラスティック）｜公式オンラインストア
株式会社SHINK
https://www.rustic-jp.com/

Bonu｜ボニュー公式オンラインインストア
株式会社MoonMoon
https://bonu-bonu.com/

ei-to 公式オンラインショップ
増見哲株式会社
https://shop.awajishima-eito.com/

12
STAYFUL LIFE STORE
株式会社ユニエル
https://stayful.jp/

Compartment.
株式会社フルサイズイメージ
https://compartment.jp/

バーミキュラ公式オンラインショップ
愛知ドビー株式会社
https://shop.vermicular.jp/

Coffee Outdoors
https://coffeeoutdoors.co.nz/

13
Awwwards Conference - New York
https://conference.awwwards.com/new-york

デジタル文化財ミュージアム KOISHIKAWA XROSS
TOPPAN株式会社
https://koishikawaxross.jp/

AOMORI GOKAN アートフェス2024
AOMORI GOKAN アートフェス 2024 実行委員会
https://aomori-artsfest.com/

AOMORI GOKAN 5館が五感を刺激する 青森アートミュージアム5館連携協議会
https://aomorigokan.com/

14
TOTETOT RECORDS - A fictional music label
tote inc.
https://totetot.tote.co.jp/

PARAMOUNT 2024 Open air party
https://paramount-jp.net/

HAPPENING by group_inou
https://ac-bu.info/happening/
Video: AC-bu／Interactive Design: Baku Hashimoto／Music: group_inou

Paul McCartney
https://www.paulmccartney.com/

15
学校法人四條畷学園創立100周年記念サイト
https://next100.shijonawate-gakuen.ac.jp/

MIND of NIHON UNIVERSITY ひとりを尊ぶ、ひとつにもなれる。
日本大学
https://www.nihon-u.ac.jp/mind/

介護施設の防災・減災ガイド
一般社団法人日本医療福祉建築協会
https://bousai-fukushi.org/
デザイン：株式会社フィールド／イラスト：たかな かな

Dramatic Campus｜神戸学院大学
神戸学院大学
https://www.kobegakuin.ac.jp/special/dramaticcampus/

16
きこえるいわて
岩手町SDGs未来都市共創プロジェクト
https://iwatetown-sdgs.jp/

みつける。だから感動する。信州の鎌倉、塩田平。
上田市観光シティプロモーション課
https://japan-heritage-ueda.jp/

ごせのね｜御所市のプロモーションサイト
https://gosenone.jp/

全国こけし祭り｜「こけしのまち」に日本各地の伝統こけしが勢ぞろい
大崎市鳴子総合支所地域振興課、鳴子温泉郷観光協会
https://kokeshimatsuri.com/

17
新卒採用サイト｜レバレジーズ
レバレジーズ株式会社
https://recruit.leverages.jp/recruit/graduates/

株式会社SmartHR 採用サイト
https://recruit.smarthr.co.jp/

NII Recruit 2025 - 日本情報産業株式会社 新卒採用
https://www.nii.co.jp/2025recruit/index.html

中途採用｜採用情報｜Sansan株式会社
https://jp.corp-sansan.com/recruit/midcareer/

18
採用情報｜フリー株式会社
https://jobs.freee.co.jp/

みずほFG：採用情報サイト
株式会社みずほフィナンシャルグループ
https://www.mizuho-fg.co.jp/saiyou/index.html

静岡銀行 新卒採用サイト
株式会社静岡銀行
https://www.shizuokabank.co.jp/recruitment/shinsotsu/

オリックス銀行 Career Recruiting Site
オリックス銀行株式会社
https://www.orixbank.co.jp/aboutus/recruit/mid-career/

19
キャリア採用情報｜三井不動産株式会社
https://recruit.mitsuifudosan.co.jp/career/

東急不動産株式会社｜Recruit Site｜新卒採用サイト
https://www.tokyu-land.co.jp/recruit/graduate/

藤和ハウス 採用サイト
株式会社 藤和ハウス
https://recruit.towa-house.com/

戸田建設株式会社新卒採用サイト TODA RECRUIT SITE
https://www.toda.co.jp/recruit/fresh/

20
名古屋テレビ【メ〜テレ】採用サイト
名古屋テレビ放送株式会社
https://www.nagoyatv.com/saiyo/

株式会社TVer 採用サイト
https://recruit.tver.co.jp/

AMUSE RECRUIT 2025｜株式会社 アミューズ 採用サイト｜AMUSE INC. RECRUITMENT
https://recruit.amuse.co.jp/recruit2025/

UUUM採用サイト
UUUM株式会社
https://recruit.uuum.co.jp/

21
YUKI OKADA - Web & Graphic Design= Web Development
https://ykokd.com/

KATSUAKI UTSUNOMIYA - PORTFOLIO '23
https://katsuakiutsunomiya.com/

Kenta Toshikura
https://kentatoshikura.com/

Kazuki Noda Portfolio
https://kazukinoda.com/

Profile 著者プロフィール

向田 嵩
むこうだ・たかし

CHAPTER1 執筆
アートディレクター・デザイナー。株式会社GIGにて、クライアントワークを中心に、ロゴ、モーション、Webサイト、アプリケーションなど幅広い媒体のデザインを一貫して手掛ける。ブログやSchooの講座を通じて、デザイン学習や業務に役立つコンテンツを発信している。

X　　@takashi_m_art

半田季実子
はんだ・きみこ

CHAPTER2 執筆
株式会社スピカデザインのディレクター・デザイナー。Webサイトやロゴ、パンフレット、イラストレーションなど幅広く手掛け、主に美容医療に関するデザインを得意としています。

木村優子
きむら・ゆうこ

CHAPTER3（01・02・05〜07・10・11・13・17・21〜23）執筆
アートディレクター兼デザイナー。複数のデザイン制作会社を経て、Web、UI/UX、グラフィックなど、幅広い領域のクリエイティブを経験。Adobe Community Expertとして、アドビ公式の情報番組「Adobe Firefly Camp」のMCを担当している。

X　　@yync1202

マスベサチ

CHAPTER3（03・04・08・09・12・14〜16・18〜20）執筆
広島で活動するWeb/UIデザイナー。デザイン講師として400名以上を指導してきた経験から、クリエイターコミュニティ「ひろしまクリエイターズギルド」を主宰。Adobe Community ExpertとしてAdobe製品に関するサポート活動も行なっている。

X　　@masube_sachi

野田一輝
のだ・かずき

CHAPTER4 執筆
株式会社ユニエル代表、アートディレクター、デザイナー。ブランド戦略・ブランドコミュニケーションを軸に、経営サポートからコンセプト立案、グラフィック、デジタル、スペースなど、繋がりの強いデザイン・アートディレクションを得意としています。

Web　　https://kazukinoda.com/

[装丁・本文デザイン]	タキ加奈子、坂田瑠菜（soda design）
[編集・DTP]	江藤玲子

[編集長]	後藤憲司
[副編集長]	塩見治雄
[担当編集]	後藤孝太郎

Webサイトの配色見本帳
実例で身につくWeb配色のセオリー

2024年11月1日 初版第1刷発行

[著者]	向田 嵩、半田季実子、木村優子、マスベサチ、野田一輝
[発行人]	諸田泰明
[発行]	株式会社エムディエヌコーポレーション 〒101-0051　東京都千代田区神田神保町一丁目105番地 https://books.MdN.co.jp/
[発売]	株式会社インプレス 〒101-0051　東京都千代田区神田神保町一丁目105番地
[印刷・製本]	シナノ書籍印刷株式会社

Printed in Japan

©2024 Takashi Mukoda, Kimiko Handa, Yuko Kimura, Sachi Masube, Kazuki Noda. All rights reserved.

本書は、著作権法上の保護を受けています。著作権者および株式会社エムディエヌコーポレーションとの書面による事前の同意なしに、本書の一部あるいは全部を無断で複写・複製、転記・転載することは禁止されています。

定価はカバーに表示してあります。

【カスタマーセンター】
造本には万全を期しておりますが、万一、落丁・乱丁などがございましたら、送料小社負担にてお取り替えいたします。
お手数ですが、カスタマーセンターまでご返送ください。

【落丁・乱丁本などのご返送先】
〒101-0051　東京都千代田区神田神保町一丁目105番地
株式会社エムディエヌコーポレーション カスタマーセンター
TEL：03-4334-2915

【書店・販売店のご注文受付】
株式会社インプレス　受注センター
TEL：048-449-8040／FAX：048-449-8041

●内容に関するお問い合わせ先
株式会社エムディエヌコーポレーション カスタマーセンター メール窓口
info@MdN.co.jp
本書の内容に関するご質問は、Eメールのみの受付となります。メールの件名は「Webサイトの配色見本帳　実例で身につくWeb配色のセオリー　質問係」とお書きください。電話やFAX、郵便でのご質問にはお答えできません。ご質問の内容によりましては、しばらくお時間をいただく場合がございます。また、本書の範囲を超えるご質問に関しましてはお答えいたしかねますので、あらかじめご了承ください。

ISBN978-4-295-20682-8 C3055